木构建筑

中国传统建筑营造技艺丛书（第二辑）

刘 托 主编

侗族木构建筑营造技艺

DONGZU MUGOU JIANZHU YINGZAO JIYI

杨昌鸣 陈 筱 乔迅翔
任和昕 张旭斌 李 哲 编著
陈 蔚 陈鸿翔 辛 静

ARTTIME 时代出版
时代出版传媒股份有限公司
安徽科学技术出版社

图书在版编目(CIP)数据

侗族木构建筑营造技艺 / 杨昌鸣等编著. --合肥:安徽科学技术出版社,2021.6
(中国传统建筑营造技艺丛书 / 刘托主编. 第二辑)
ISBN 978-7-5337-7814-9

Ⅰ.①侗… Ⅱ.①杨… Ⅲ.①侗族-木结构-民族建筑-建筑艺术-中国 Ⅳ.①TU-092.872

中国版本图书馆 CIP 数据核字(2021)第 057697 号

侗族木构建筑营造技艺 杨昌鸣 等 编著

出 版 人:丁凌云 选题策划:丁凌云 蒋贤骏 余登兵 策划编辑:翟巧燕
责任编辑:翟巧燕 左 慧 责任校对:岑红宇 责任印制:李伦洲
装帧设计:王 艳
出版发行:时代出版传媒股份有限公司 http://www.press-mart.com
安徽科学技术出版社 http://www.ahstp.net
(合肥市政务文化新区翡翠路 1118 号出版传媒广场,邮编:230071)
电话:(0551)63533330
印 制:合肥华云印务有限责任公司 电话:(0551)63418899
(如发现印装质量问题,影响阅读,请与印刷厂商联系调换)

开本:710×1010 1/16 印张:13.75 字数:224 千
版次:2021 年 6 月第 1 版 2021 年 6 月第 1 次印刷

ISBN 978-7-5337-7814-9 定价:69.80 元

丛书第二辑序

自2013年“中国传统建筑营造技艺丛书”第一辑出版至今，已经8年过去了。这8年来，“营造技艺及其传承保护”已然成为中国传统建筑文化及文化遗产保护领域的热门话题，相关的课题研究、学术论坛高倍聚焦于此，表明了营造技艺的学术性和当代性价值。不惟如此，“营造”一词自1930年中国营造学社创立以来，重又为社会各界广泛认知和接受，成为人们了解传统建筑的一种新的视角，或可以说多了一把开启中国建筑文化之门的钥匙。

研究营造技艺的意义是多方面的：一是深化和拓展了建筑历史与理论研究的领域；二是丰富和充实了文化遗产保护的实践；三是在全国范围内，特别是在民间，向广大民众普及了对保护和传承非物质文化遗产（简称“非遗”）的认知。正是随着非遗保护工作的不断深入，我们对一些已有的认知也在逐渐深入和更新。比如真实性问题，每一种非遗都是富有生命活力的存在，是一种生命过程，这是非遗原真性的核心内涵，即它是活着的生命体，而不是标本。这与物质形态的真实性有所不同，其真实与否是活态非遗真伪的判断标准。作为文物的一座建筑，我们关注的是物态本身，包括它的材料、造型等，可能还会延伸到它的建造历史，它甚至可以引导我们穿越到初建或改建时的那个年代；而作为非遗的技艺，建筑物只是一个符号，我们要揭示的是建造技艺延续至今所包含的人类文明和人类智慧，它在我们当今生活中所扮演的角色，让我们既感受到人类文明的涓涓流淌，又体验到人类生活的丰富多样。我们现在在古建筑物质形态保护方面，对原真性保护虽然原则上也强调使用原材料、原工具、原工艺进行修缮，然而随着“非物质文化遗产”概念的引入和普及，传统技艺本身已然成为保持文化遗产真实性的必要条件和要素，成为被保护的直接对象。对技艺的非物质保护，首先就是强调其原真性需要得到保护，技艺的原真性就是有序传承的技术、做法、工艺、技巧。作为被保护对象，它们不应被随意改变。如同文物建筑不得被任意破坏或改动一样，作为非物质的载体，物质性的作品、成品、半成品、工具等都是展示技艺的要件，它们同时承载着识别技艺和展示技艺的功能，不应人为刻意掩盖或模糊技艺的真实呈现。所谓修饰一新、整旧如旧的做法，严格意义上说都不符合真实性原则。

又比如说活态性问题，非物质文化遗产是活态遗产，指的是非物质文化遗产在历史进程中一直延续，未曾间断，且现在仍处于传承之中。它是至今仍活着的遗产，是现在时而非过去时。一般而言，物质形态的遗产是非活态的，或称固态的，它是凝固、静止的，它是过去某一时段历史的遗存，是过去时而非现在时，如建筑遗构、考古遗址，乃至一般性的文物。然而非物质文化也并非全都是活态的，因而也不都是文化遗产，它们或许只是文化记忆，比如说终止于某一历史时期的民俗活动与节庆，失传的民歌、古乐、古代技艺，等等，虽然它们也是非物质的，也是无形的，但它们都已经成为消失在历史长河中的过去，被定格在某一时间刻度上，或被人们所遗忘，或被书写在历史文献中，它们在时间上都归为过去时。而成为活态的遗产则都是现在时，是当今仍存续的、鲜活的事项，如史诗或歌谣仍然被传唱，如技艺或习俗仍然在传承和被遵守，尽管它们在传承中也有所发展，有所变异。由此可见，活态并非指的是活动或运动的物理空间轨迹及状态，而指的是生

生不息的生命力和活力。活态性也表现在非物质文化遗产在传承与传播中不断地应变,像生命体一样在与自然环境及社会环境的相互作用中不断地生长、适应与变化,积淀了丰厚的政治、经济、历史、文化、科技信息,积累了历代传承人的智慧和创造力,成为人类文明的结晶,如唐宋时期的营造技艺发展到明清时期已然发生了很多变化,但其核心技艺一脉相承,并直到今日仍被我们所继承和发扬。

再比如说整体性问题,营造技艺并非只强调技术,而应该包含营建活动的全部,“营”代表了其中的精神性活动,“造”代表了其中的物质性活动。在联合国教科文组织所列的五种非遗类型中,有一些项目是跨类型的,建筑即是如此。虽然我国现行管理体制中把建筑列入技艺类项目,但其与人类认知、民俗、文化空间等内容都有着紧密的联系,这也证明了营造类文化遗产的复杂性和丰富性,需要我们认真研究和传承。现实中没有一项文化遗产不是一个复杂的综合体和有机体,它们都具有自己的完整结构和运行规律,每一项非物质文化遗产都是由持有人、遗产本体(如技艺、表演等)、物质载体(如产品、艺术品等)、生态环境(自然与人文环境)共同构成的。整体性保护就是保护文化遗产所拥有的全部内容和形式,对非物质文化遗产的科学保护意味着对其相关要素进行全面保护,否则就难以实现保护的初衷,难以取得成效。营造技艺保护在整体性方面可谓表现得尤为典型。

中国非物质文化遗产是按照分类进行专项保护的,但许多遗产在实际存续状态中往往涉及多种类型,如不强调整体性保护,很可能造成遗产被割裂、分解,如表演艺术中的戏剧、曲艺,大多涉及文学、音乐、舞蹈、美术,以及民俗。仅以皮影为例,就涉及说唱、美术、制作技艺等,只有整体保护才能取得成效。不仅如此,除去对遗产本体进行保护外,还要对其赖以生存的生态环境予以保护,其中既包括文化生态,也包括自然生态。就营造技艺而言,整体性保护意味着对营造技艺本体进行全面保护,即包括设计、建造、技术、工艺等各个方面。中国古代建筑的设计与建造是一个整体的两个方面,不可分割;不像现在,设计与施工已经完全是两个不同的专业领域。“营造”一词中的“营”,之所以与今天所说的建筑设计有差异,主要在于它不是一种个体自由创作,而是一种群体性、制度性、规范性的安排,是一种集体意志的表达,同时本质上也是一种技艺的呈现形式。其实,任何一种手工技艺都含有设计的成分,有的还占据技艺构成的重要部分,如青田石雕、寿山石雕等。相比之下,营造方面的“营”包含的设计内容更为丰富,更为复杂。

对营造技艺的全要素进行整体性保护,需要打破物质与非物质、动态与静态、有形与无形的界限,正确认识它们之间的相关性。它们常常是一枚硬币的正反面,保护一方面的同时不应忽略另一方面。虽然我们现在强调的是针对非物质文化遗产的保护,但随着对文化遗产整体观认识的不断深化,我们必然会迈向文化遗产整体保护的层面,特别是针对营造技艺这类本身具有整体性特征的遗产对象。整体性保护与活态性相关,即整体保护中涉及活态(动态)与静态保护的有机统一。这里的活态保护主要不是指传承人保护,而是强调一种积极的介入性保护手段,即将保护对象还原到一个相对完整的生态环境中进行全面保护,这需要我们在一定程度上打破禁锢,解放思想,进行创新。现在有很多地方尝试进行一定的活化改造,即集中连片或成区片地整体保护传统街区、村落、古镇,同时保护与之相关的自然与人文生态,包括原有的地域性生活样态,如绍兴水乡、北京南锣鼓巷街区、川(爨)底下古村落等,都在力争保持或还原固有的风貌、风情、风俗,这是一种生态性的整体保护策略,是整体保护理念的体现。

在理论探索的同时,营造技艺的保护实践也在逐渐系统化和科学化,各保护单位和社会团体总结出了诸如抢救性保护、建造性保护、研究性保护、展示性保护、数字化保护等多种方式。

抢救性保护主要指保护那些因自身传承受到外部环境冲击而难

以为继，需外力介入才能维持存续的项目，其保护工作主要包括对技艺本体进行记录、建档、录音、录像等，对相关实物进行收集整理或现状保存，对传承人进行采访，系统整理匠谚口诀，建立工匠口述史档案，给生活困难的传承人以生活补助或改善其工作条件，等等。

建造性保护是非遗生产性保护的一种转译，传统技艺类项目原本都是在生产实践中产生的，其文化内涵和技艺价值要靠生产工艺环节来体现，广大民众则主要通过拥有和消费其物态化产品来感受非物质文化遗产的魅力。因此，对传统技艺的保护与传承也只有在生产实践的链条中才能真正实现。例如，传统丝织技艺、宣纸制作技艺、瓷器烧制技艺等都是在生产实践活动中产生的，也只有以生产的方式进行保护，才可以保持其生命力，促使非遗“自我造血”。相对一般性手工技艺的生产性保护，营造技艺有其特殊的内容和保护途径，如何在现有条件下使其得到有效保护和传承，需要结合不同地区、不同民族、不同级别的文化遗产项目进行有针对性的研究和实践，保证建造实践连续而不间断。这些实践应该既包括复建、迁建、新建古建项目，也包括建造仿古建筑的项目，这些实质性建造活动都应进入营造技艺非物质文化遗产保护的视野，列入保护计划中。这些保护项目不一定是完整的、全序列的工程，可能是分级别、分层次、分步骤、分阶段、分工种、分匠作、分材质的独立项目，它们整体中的重要构成部分都是具有特殊价值的。有些项目可以基于培训的目的独立实施教学操作，如斗拱制作与安装，墙体砌筑和砖雕制作安装，小木与木雕制作安装，彩画绘制与裱糊装潢，等等，都可以结合现实操作来进行教学培训，从而达到传承的目的。

研究性保护指的是以新建、修缮项目为资源，在建造全过程中以研究成果为指导，使保护措施有充分的可验证的科学依据，在新建、修缮项目中和传承活动中遵循各项保护原则，将理论与实践相结合，使各保护项目既是一项研究课题，也是一个检验科研成果的实践案例。

实际上，我们对每一项文物修缮工程或每一项营造技艺的保护工程，在实施过程中都有一定的研究比重，这往往包含在保护规划、保护设计中，但一般更多的是为了满足施工需要，而非将项目本身视为科研对象来科学系统地做相应的安排，致使项目的宝贵资源未得到充分的发掘和利用。在研究性保护方面，北京故宫博物院近年启动了研究性保护的计划，即以“技艺传承、价值评估、人才培养、机制创新”为核心，以“最大限度保留古建筑的历史信息，不改变古建筑的文物原状，进行古建筑传统修缮的技艺传承”为原则，以培养优秀匠师、传承营造技艺、探索保护运行机制等为基本目标，探索适合中国国情的古建筑保护与技艺传承之路。

随着第五批国家级非物质文化遗产代表性项目名录推荐项目名单的公示，又将有一批营造技艺类保护项目入选名录，相应的研究和出版工作也将提上议事日程，期待“中国传统建筑营造技艺丛书”第三辑能够接续出版，使我们的研究工作即便不能超前，但也尽力保持与保护传承工作同步，以期为保护工作提供帮助，为民族文化遗产的传播做出切实的贡献。

刘　托

2021年1月27日于北京

前　言

侗族是中华民族大家庭中的一员，现今主要聚居在贵州、湖南和广西（交界地区）。在中国少数民族建筑中，侗族木构建筑具有非常鲜明的特色。无论是普通的干栏式住宅，还是华丽的鼓楼和风雨桥，都会给去过侗乡的人留下深刻的印象。侗族建筑一般没有设计图纸，千姿百态、宏伟精巧的建筑，都来自建筑工匠的巧手和经验。河边、水上、陡坡上、梯坎上，工匠们都能建造出各种类型的建筑，且能够“百年木楼身不斜，一身杉木坚似铁”。侗族鼓楼（图0-1）、风雨桥在造型和制作上都为世界建筑史增添了多彩的一页。

图0-1　侗寨鼓楼（刘妍摄影）

2006年，“侗族木构建筑营造技艺”被列入“第一批国家级非物质文化遗产名录”，这既是对侗族木构建筑营造技艺文化价值的肯定，也是对传承侗族木构建筑技艺的鞭策。

为切实做好“侗族木构建筑营

造技艺”的传承工作,本书从历史文化、自然环境、社会环境、村寨布局(图0-2)以及建筑类型等不同角度,对侗族传统木构建筑营造技艺进行介绍,以期帮助读者加深对这一重要的非物质文化遗产的认知和理解。

图0-2 坪坦侗寨(石斌摄影)

需要特别提出的是,由于传统木构建筑营造技艺与人的生活密切相关,尽管同属一个民族的技艺,也会因居住地点、生活习惯以及周边民族的影响,而有一些细微的差异。因此,本书所介绍的内容,只是对比较有代表性的侗族传统木构建筑情况的概述,难免挂一漏万,希望读者予以谅解!

编 者

目　　录

第一章 侗族传统建筑的分布概况与环境影响

第一节
侗族传统建筑的分布概况

侗族主要分布于湘、黔、桂交界地区，由于各区域环境存在差异，随着时代的发展和交通状况的改观，不同地区侗族的文化特征也有一些差异。目前，湖南的通道，广西的三江，贵州的黎平、从江、榕江为主要的侗族聚居地；湖南的新晃、芷江，贵州的锦屏、镇远、天柱，广西的龙胜为侗族人口较多的多民族聚居区。在这些地区，侗族的传统村落和建筑遗存数量较多，传统文化事项也保存得相对完整。

民族学者一般通过考察某种文化特征或具有某种特殊文化的人群，根据语言、信仰、移民、风俗等考察指标，结合自然地理因素来划分不同的文化区域。对于侗族而言，方言是划分不同文化区域的重要依据。

侗族的民族语言为侗语，属于汉藏语系壮侗语族侗水语支。侗语以锦屏县南部侗、苗、汉民族杂居地带为界，分为南、北两个方言区。

虽然侗族北部方言区面积大，人口多，但由于与汉族接触较早，受汉文化影响也更加深入广泛，而且在现代文化的冲击下，北侗地区的传统侗族建筑已经发生了显著的变化，传统特征大量丧失。相较而言，南部方言区经历了从间接开发到直接开发的过程，而且历时较长，保留了更多侗族文化的传统面貌，这在其传统建筑上也有比较明显的反映。

一、南侗地区的传统建筑

南侗地区的村寨一般都依山傍水。村前是清澈的河流或溪流，村后是茂密的树林或竹林。侗族人在村前宅后的狭窄坡地开辟出或大或小的层层水田，以种植水稻。

为适应气候及地形特点，南侗地区的传统民居普遍采用干栏式木楼的建筑形式。木楼廊檐相接、鳞次栉比，鼓楼高耸于民居之中(图1-1)。鼓楼是全寨最雄伟的公共建筑，是侗族村寨的标志。鼓楼一般建在寨子中心的平坦地带，鼓楼周围修筑鼓楼坪。鼓楼坪是全寨村民议事、举行节庆活动的场所，侗族人赛芦笙、男女青年行歌坐月也在这里进行。

有关南侗地区传统建筑的详细情况，将在后文详述。

图1-1　南侗地区典型侗族村——贵州大利侗寨(杨昌鸣摄影)

二、北侗地区的传统建筑

北侗地区的民居建筑以地面式住宅为主，与其周边的汉族住宅差异很小。

最常见的地面式住宅为两层，也称为“矮脚楼”（图1-2），属于从干栏式住宅向地面式住宅逐渐转换的过渡形式。这类住宅的平面布局多为三开间，中间是堂屋，两侧是卧室，与汉族地区的“一明两暗”布局基本相似。人口多的家庭也会以五开间布局。

图1-2 北侗地区的矮脚楼（柳肃摄影）

矮脚楼虽然也有楼层，但它与南侗地区的干栏式住宅的最大区别就在于居民主要的日常起居生活已经从楼层转移到地面层。与这种生活方式相适应，南侗的“火塘”在这里演化成为“火铺”。看起来仅是一字之别，其实正是居民从楼层生活到楼下生活转换的真实反映。

矮脚楼地面层的明间一般会布置成类似汉族住宅的“堂屋”。在堂屋的正后方，则有一个专门的空间，称为“火铺间”。火铺（也称“火床”），实际上是在地面上构筑的一个木架。木架高40～50厘米，下铺一层厚木板，留出一个用长条石或砖头砌筑的方形空洞，填上黄泥。方洞上放三脚架用于炊事，三脚架上面悬挂的方形木架则用于烘烤食物。

与南侗的火塘一样，北侗的火铺间也是人们日常生活的中心。无论是日常起居，还是会客聊天，都会在火铺间进行。

随着与外界交往的日益频繁及商业因素的影响，北侗地区逐渐出

现了一种将矮脚楼加以围合的形式，也就是用院墙（三合院）或房屋（四合院）将木楼房围合成一个封闭的院落，同时还会建造高大的封火山墙。由于院落规整，外形类似一枚印章，故也被称为“印子屋”或“窨子屋”。

北侗地区的公共建筑种类较少，基本看不到鼓楼、风雨桥，寨门也很少。

有的村寨还有一些凉亭，也可以看作是鼓楼的退化形式。

由于北侗民居的民族特色已不太突出，本书主要讨论南侗地区木构建筑的营造技艺。

第二节 自然环境及其影响

一、自然环境

侗族村寨分布的地理范围为湘、黔、桂毗连地区和鄂西南一带，处于云贵高原东南边缘苗岭山脉向湘桂丘陵过渡地带，地势西北高，东南低。长江水系的舞阳河、沅水、清水江和珠江水系的都柳江、浔江等贯穿其间。土壤肥沃，坪坝星罗棋布，大者万余亩[1]，小者数百亩。年

[1] 1亩≈667平方米。

降水量为1 200毫米左右，气候温暖，雨水充沛，为农业生产提供了良好的条件。

侗族所在地区是全国著名的木材产地和全国八大林区之一，以出产杉木著称。该地区的杉树林不仅分布面积广，蕴藏量大，而且木质优良，生长迅速，速生丰产杉木移栽8～18年即可成材。其他还有如马尾松、香樟、楠木、梓木、柏杨等优质木材。传统的侗族住宅多以杉木修建，以杉树皮为屋顶，就是选用了本地最常见的材料。

千百年来，侗族人在苗岭山脉和湘桂丘陵一带，披荆斩棘，用自己的辛勤劳动和智慧垦殖了连天的层层梯田（图1-3），缔造了以干栏式民居为特色的数千个山地村落作为家园。具体到不同的侗族聚居区，在地理环境上又各有一些特殊之处，这为侗族传统建筑和聚落的多样性奠定了基础。

图1-3　侗乡梯田（张志国摄影）

二、村落选址

中国西南山区是汉族、侗族、苗族等不同民族杂居之地，其地形亦有坪坝、河谷、阶地、山麓、山腰、山坳、山顶之分。正如民谚“客家住街头，仲家住水头，苗家住山头”和“高山苗，水仲家，仡佬住在岩旮旯”所描述，侗族人民大多选择河谷阶地安家落户。这些地段有溪流可灌溉，有土地可开垦，有缓坡可建屋，亦距山间林地不远，生态资源条件相对较好，可谓最理想的栖息地。此外，少数侗族聚居区还常分布于河谷坪坝或山间高地。

图1-4　山间侗寨(张志国摄影)

图1-5　从江县巨洞寨(杨昌鸣摄影)

1.位于山地丘陵

在侗族聚居地区,有一些山间村落(图1-4)。有的村落坐落在半山腰或山坳口,有的处于山顶或由下而上分布。山间村落的形成时间大多较晚,规模也较小。其中部分村落是因为原来的村落人口密集,耕地偏少,故而分化出来而形成的居住点,其分布相对分散。

从江县的巨洞寨(图1-5)位于都柳江畔坡上,其坡度约为65%。由于地势较陡,巨洞寨的村民采取分层筑台的方式,将整个坡地沿等高线划分成三个不同高程的小台地。为防止山体坡面土层滑动与蠕动,每层台地均用乱石砌筑堡坎。民居建筑分别布置在这些台地上,全都面向都柳江,村民足不出户即可将江上风光尽收眼底,使村寨有机地融入自然环境之中。

此外,榕江县八吉寨等村寨也属于这一类型。

2.位于河谷坪坝

侗族聚居地区群山之间的小盆地、小平原,通称为“坝子”,有很多村落分布其中。坝子村落一般建在地势较高的地方,四周有青山或起伏的丘陵,或大或小的溪流从村前或村中流过。坝子村落因经济、地理条件优越,一般历史较长,规模较大,分布较为密集。其共同特点是:地势平坦,布局相对规整,房屋多按理想朝向排列成行,各家族成组团聚居。村落中心通常设有公共活动场所，村落周边密植树木，构成良好的居住环境（图1-6）。

图1-6　从江县小黄寨鸟瞰图（杨昌鸣摄影）

从村寨与溪流之间的相互关系来看，比较常见的坝子村落总体布局形式主要有三面临水、背山面水、隔水相望等。

所谓“三面临水”，其实就是村寨恰好位于一个半岛状的台地上，三面均有水环绕。这种布局形式与汉族风水中的理想居住环境有着许多吻合之处，其缺点是对外交通联系不太方便，因而在采用这种布局形式的村寨中常常看得到比较考究的风雨桥之类的对外联系的通道。

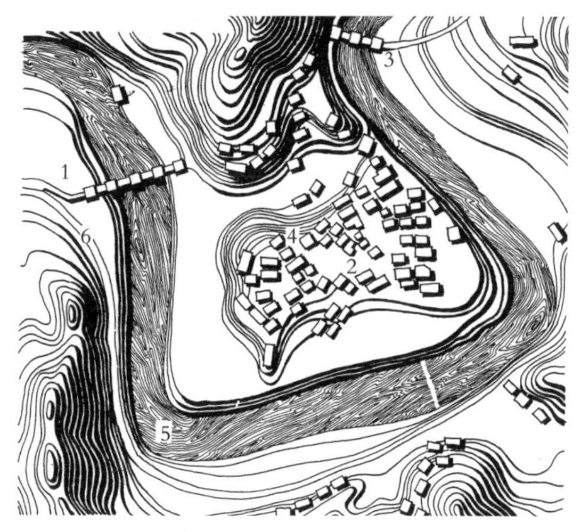

1.程阳桥　2.马安村　3.平岩桥　4.鼓楼　5.林溪河　6.公路
图1-7　三江县马安寨总平面图（引自《桂北民间建筑》）

广西三江县的马安寨（图1-7）就是一个很典型的例子。该寨北面是山，由东面流来的林溪河绕寨而过，并向西缓缓流去。著名的程阳桥和平岩桥分别架设在村寨的西面和东面，成为对外交通的主要媒介，同时也成为村寨整体空间环境的重要组成部分。

贵州从江县的增冲寨（图1-8）与广西三江县的马安寨可谓异曲同工。增冲寨同样坐落在环抱的溪流之中的一个半岛上，溪流从村落的北、西、南三面绕寨而过，同时有三座风雨桥可与寨外相通。与其他侗族村寨类似，增冲寨内的侗族民居大多是干栏式木楼。在檐廊彼此相

图1-8 从江县增冲寨鸟瞰图(刘妍摄影)

接的木楼簇拥中,著名的增冲鼓楼赫然耸立,构成整个村寨的视觉中心。鼓楼前面的水塘中,鼓楼与民居的倒影交相辉映,呈现出迷人的魅力。

背山面水的布局形式在河谷坪坝地区最为常见。采用这种布局形式的村寨中,或大或小的溪河从寨前潺潺流过,幢幢木楼沿河展开,有序布置,在青山与绿水的映衬下,展现出一幅幅悠然自得的田园山居生活画卷。

在相对宽阔的河谷坪坝,村寨通常会采用隔水相望的布局形式。其特点是村寨的布局通常在河流的两侧完成,其间的交通联系主要靠风雨桥来承担,各单体建筑的位置安排主要取决于河流的走向,因此在总体布局上也呈现出自由活泼的面貌。贵州黎平县的肇兴侗寨(图1-9)就是一个典型的例子。

肇兴侗寨位于黎平县城南70千米处,旧名为"肇洞",当地有"七百

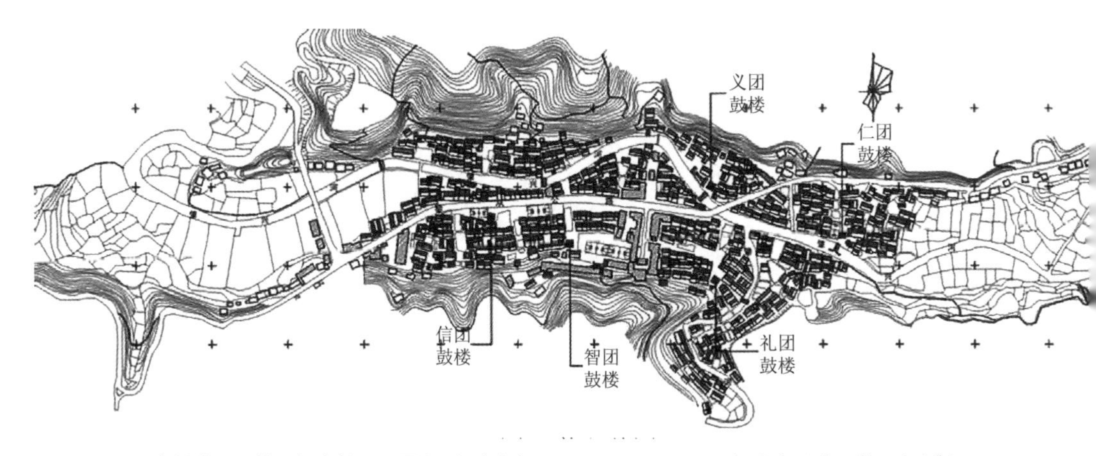

图1-9 贵州黎平县肇兴侗寨总平面图(引自蔡凌《"斗"的聚居和衍生——解读贵州黎平肇兴大寨》)

贯洞，千家肇洞”的说法，可见其规模之大。肇兴侗寨坐落在两山之间的一片弯曲形河床的阶地上，村寨整体布局沿着溪流展开，构成有山有水的秀丽景观。肇兴侗寨又分为五个小寨，由五座造型各异的鼓楼加以统领，形成统一中又有变化的有序格局。除了鼓楼之外，五个小寨也有各自的风雨桥和戏台。风雨桥设置在各个小寨的入口处，也可看成是小寨空间界定的标志之一。

3.位于大河沿岸

在比较大的河流两岸，还有很多水边村落。这些村落多处于山脚，背靠山脉，面朝河流。因受地理条件限制，村落发展到一定程度，往往又分化出新的村落。借助于天然的地理优势，水边村落非常注重环境景观的营造。在贵州从江县的都柳江畔，分布有腊俄、郎洞、苏洞等若干个侗族村寨，这些村寨通常会按照风水选择适宜的河滩阶地，这样寨后有大山作为靠山，寨前有都柳江水如玉带，是“风水”“龙脉”都极为理想的生活环境(图1-10)。

位于从江县下江区的苏洞寨，由上、下两寨组合而成。村寨利用西南与北面的成片杉树林构成可以镇凶邪的“风水林”，紧临都柳江畔

图1-10　都柳江畔的侗族村寨(杨昌鸣摄影)

的两棵大榕树则承担着“风水树”的重任，以其硕大的树冠为村寨构筑起一道天然的屏障。

由于中国西南地区多高山陡坡，坪坝难见，因而河谷坪坝型侗族村寨数量有限。一般来说，这些村寨规模较大，公共建筑较多，组织形式相对完善，节日庆典活动、生产活动经验的交流以及生产工具的流通也较其他地区频繁，常常会成为周边地区的中心。位于坪坦河流域的侗族村寨多属于这一类型，具体有横岭侗寨、坪坦侗寨、阳烂侗寨、高步侗寨（图1-11）等。山间高地一般多为苗族民众居住，侗族村寨较少，且规模通常较小，村中亦多有溪水川流而过，只是水量较小。

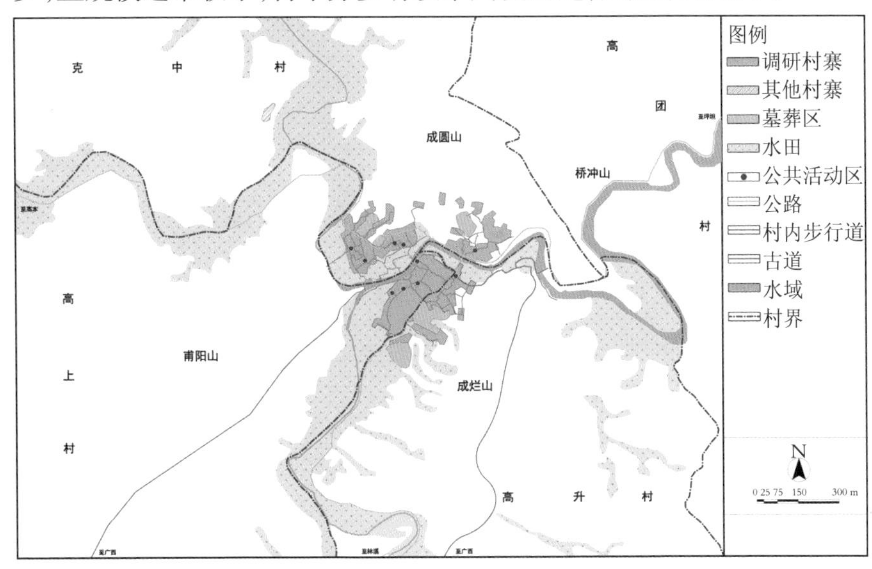

图1-11　典型的侗族村落选址——高步侗寨外部空间（俞文彬绘图）

三、侗寨的布局与空间组织

侗寨大多依山傍水，景色秀丽，村头寨边多植有古树，林木茂盛，绿篱葱郁，溪流、池塘交织成侗乡水网，水光山色相映，构成一幅幅生动优美的侗乡风情画卷。

1. 同心圆式布局

侗族是一个以水稻耕作与人工营林为主要生计的民族，因而构成侗族村寨空间布局的基本要素主要有居民活动区、农田和林地。侗族村寨外部空间布局的理想模式呈“同心圆式”，即以村寨居民活动区为中心，向外扩展的第一层为农田区，将沿河沃土辟为水田或将山间平地开垦作梯田；外扩第二层为林地区，一般种植杉木、楠竹。坐落于山间高地的侗族村寨基本遵循上述模式，位于溪河之畔的侗族村寨则会因其周边山形水系的特征产生更多变化。若溪河两侧都有适于建房的平地或缓坡地，则村寨的居民活动区以河流为中心，在河谷两侧分布，田地、林地分别自河谷两侧的居民活动区边缘向外扩展（图1–12）。

图1–12　同心圆式布局——黎平县登岑村鸟瞰图
（张旭斌摄影）

2. 半圆式布局

若溪河两岸仅有一侧较为平坦开阔，则侗族人民生活劳作的活动区、田地、林地就会主要分布在这一侧，村寨布局呈“半圆式”。由于河流的侧向侵蚀和侧向沉积作用，常常形成“S”形弯曲河道与马鞍形河岸坪坝，位于这些坪坝上的侗族村寨也逐渐发展为“扇形”。此外，沿河道或随山形铺就的青石板路，将上述诸多要素联结为一个有机整体，并实现与其他村寨的沟通交流，也极大地影响了侗族村寨内部空间的布局与形态（图1–13）。

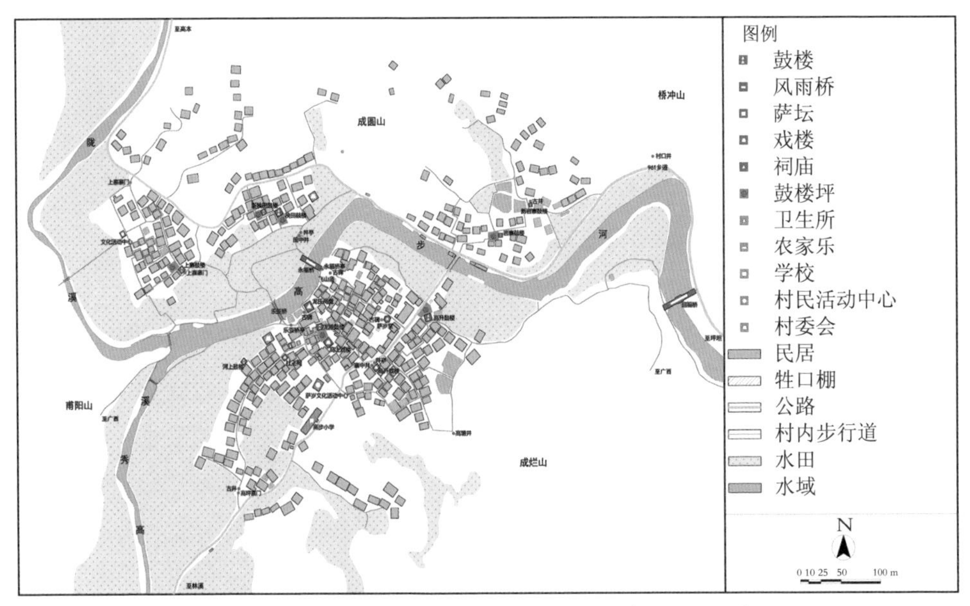

图1-13　半圆式布局——高步侗寨内部格局(俞文彬绘图)

在中心空间以外围绕排列着住宅、厕所、牲口棚、禾仓和禾晾等基本居住与生产建筑设施。其布局形态主要取决于地形的变化,如河畔村落多随河流蜿蜒而呈带状,山地村落根据山体等高线即山势的起伏变化呈内凹或外凸。此外,侗族村寨中一般都具备较为完善的给排水系统,由点状的泉井、线形的沟渠与面状的池塘共同构成,不仅保障了侗族村寨的清洁卫生,还提供了消防用水。

风水观念对侗族村寨内外空间布局也有一定影响。从侗族的风水观念来看,村寨后部最主要的山脉为“龙脉”,其形宜起伏跌宕,绵延不断;山脉朝向溪水或开阔坪坝之处为“龙头”,求戛然而止,具有非凡气势;侗族村寨坐落在龙脉与龙头之间,略近龙头的位置则是“坐龙嘴”。侗族人认为,福祉、财富存于“龙气”之中,自龙脉而来,从龙头处散佚。故而,为求得“龙嘴”处能够聚龙气、获福祉,村寨的布局规划就应护龙脉、堵龙嘴。例如,侗族人认为后山龙脉忌破土建屋,否则将招来不幸,应多蓄古树青竹,作为风水林,以镇凶邪,以保清洁;在溪涧龙头处，架设风雨桥、寨门等，以堵风口，以封财气；在山间隘口处宜修建寨门、凉亭，不让龙脉之气外泄。虽然，风水观念在很大程度上只是一种理想型的经验总结，但其对保护侗族村寨的居住环境仍起到了一定的作用。

3.空间组织

构成侗族村寨的基本元素是单体建筑，村寨内部的道路系统把它们有机地组织为一个整体。侗族村寨的道路系统在大多数场合都是以村寨的中心空间(如鼓楼、戏台、广场等)为核心，结合地形的具体特点，几条主要道路呈放射状向外辐射，再通过若干次要道路的互相联系，形成一个中心明确的交通网络。这种向心性极强的道路系统使散布于村寨各处的住户均能与村寨中心方便地取得联系，极大地增强了侗族村寨的凝聚力。

在对道路的具体组织方面，侗族村寨又表现出相当的灵活性。为了少占耕地，村寨的范围总是要限制在尽可能小的土地内，侗族木楼的布置也是见缝插针。因此，道路的组织就只能根据具体地形环境的特点以及建筑的布局情况灵活掌握。了解了这一点，人们就不会惊诧为什么侗寨的道路有时会从某座木楼下穿楼而过，有时又会从某家屋檐下斜插而出。也正是在这种思想的指导之下，侗寨沿河民居木楼常将临水一侧的底层架空，让行人借助幢幢相连的木楼的庇护，稍解日晒雨淋之苦。

侗寨的道路经常用青石板铺就(图1-14)，取其粗糙防滑且来源广泛之利。至若蒙蒙细雨中，村民赤足走在这蜿蜒起伏的石板小路上，恐怕会对那些其貌

图1-14　侗乡石板小路(杨昌鸣摄影)

不扬的大大小小的青石板产生一种别样的感受。

都柳江流域的侗族村民都非常尊重村子的龙脉，每个村民都了解该村寨龙脉的知识。一般村寨坐落在河流南面为最佳位置，坐东也不差。所以相当一部分的村落都选择在河流南面或东面的山岭与河谷之间的丘陵地带，并且于河岸与村寨入口交界处种两棵榕树，象征通往村寨的大门，俗称“保寨门”。

第三节 社会环境及其影响

一、族源与历史

一般认为，侗族是从古代百越的一支发展而来的，其先祖原居江南一带，再迁居岭南地区，然后迁居至今日的聚居地。据文献记载，侗族目前的聚居区在先秦时期一直是少数民族活动的中心地区，在春秋战国时期属于楚国商於（越）地，秦时属于黔中郡和桂林郡，汉代属于武陵郡和郁林郡，魏晋南北朝至隋代被称为“五溪之地”，唐宋时期被称为“溪峒”。

侗族的自称最早见于宋代的史籍，记为“仡伶”或“仡览”。明清以来，侗族多被称为“僚人”“侗僚”“峒人”“洞蛮”“峒苗”或被泛称为“苗”

或“夷人”,民国时期称为“侗家”,中华人民共和国成立以后称为“侗族”。

据文献记载,侗族中的上层人物、酋长或首领从唐代开始归附于中央王朝。唐王朝在“峒区”开始设立州郡,建立羁縻政权,任命当地的大姓首领为刺史。唐末五代时期,封建王朝衰落,无力统治边疆地区的少数民族,侗族中的大姓土豪自称“峒主”,分管诚、徽二州,辖十个峒,今天的靖州、会同、芷江、绥宁、通道、黎平、锦屏、天柱等地均属“十峒”范围。峒为侗族社会内部的行政区划,峒中的政治、经济、军事都由“峒主”把持。

北宋时期,侗族的首领们先后归附封建王朝,向朝廷进贡地方特产,朝廷则让他们世袭土官。在王朝势力能影响到的地区,“峒首”们也开始创立城池,比附王民,建立学堂。《文献通考》[①]记载,当时诚州附近的首领已经“创立城寨”,“使之比内地为王民”。

元朝对侗族的统治沿袭了唐宋以来的羁縻政策。至元二十年(1283年),元朝征服“九溪十八峒”,侗族地区的土官们大部分归附元朝。

明洪武五年(1372年),朱元璋命江阴侯吴良收服五开(今贵州黎平县)和古州(今贵州黎平县西北和锦屏县一带)等侗族地区。1414年,明王朝设立黎平、新化二府,委任流官直接管辖土司,侗族地区出现“土流并治”的统治局面。

清初,中央王朝在侗族地区的统治仍然因袭明代的“土流并治”,但土司的实权已趋削弱,均受到流官的节制。雍正年间,中央王朝对侗族地区的部分卫、所进行调整,加强了流官的控制。通过改土归流,侗族基本上被纳入了流官的统治范围。

民国时期,国民党政府实行保甲制度,利用封建上层人物充当乡长、保长和甲长。国民党政府还执行民族压迫政策,强迫民族同化。1932年,三江县成立“改良风俗委员会”,制定同化计划,强制侗族人民“一律改用汉服”。1937年,国民党军队在榕江强迫侗族人民改着汉

① 宋元之际马端临编撰,是研究中国古代典章制度的重要史籍。

装。1945年,从江县的乡长、保长勒令侗族妇女改装,激起侗族人民群众的极大愤慨,爆发了多次反抗斗争,最后都被镇压下去。

二、族群与社会组织

家族(侗语称“斗”)是侗族社会的基层组织,由若干个血缘关系较近的家庭组成,以男性为中心。一个家族少则三四十户,多则一二百户。家族有自己的族长,有行为规范,有公田、公山等公产。通常一个侗寨居住一个或数个家族。流行建鼓楼的地方,每个家族都建有自己的鼓楼,一个房族共聚一个村寨,围绕鼓楼而建房;即使一个村寨住有多个房族,也是分片而居,各姓围绕自己的鼓楼居住。几乎所有的社会活动都以家族为单位进行,不属于该家族的村寨或成员均被排斥在活动之外。从外面迁入的零散家庭要想在寨中立足,必须加入本寨的家族。由于非宗族成员的加入,家族不再是纯血缘集团,而是以血缘集团为主的基层社会组织。在政治上、经济上、思想意识上,家族都影响和制约着小家庭的生活方式,形成相互依赖、相互扶助、共同抵御外侮的共同体。

过去侗族的村寨都由寨老们来管理。寨老,又称为“乡老”“头人”,是村寨的自然领袖。他们大都辈分较高,年纪较大,也有少数正值青壮年。他们都能说会道,懂得本寨历史和风俗典故,办事公道,热心地方公益事业,在群众中有一定的威望。寨老没有特定的经济收入,依然是自食其力的劳动者,为村寨办事对他们来说只是一种公益。寨老的职权是主持召开本寨村民会议、代表本寨参加合款会议、负责制定款约和执行款约、维护社会秩序、调解各种纠纷、带领寨民抗敌、参加合款联防、指挥作战、组织公益事业、组织宗教祭祀活动、组织村寨间的联谊活动等。

侗族社会跨村落的社会组织则是“款”。“款”在侗语里含义为真诚的结盟。通过结盟，形成了一种“款组织”，即以地域为纽带，村与村、寨与寨之间通过共守某一契约而形成的地方联盟，并进一步构成了某一侗族聚居区的地域界线、社区制度、资源分配机制和自治联防组织。“款首”从寨老中推举担任，无任职期限，有事则主持款会，无事则在家务农，无报酬，是一种义务性的职务。“款脚”，即专职的通信联络员，负责与各寨的通信联系，承担鼓楼火堂用柴和遇警击鼓报信的工作，其生活费用由村民负担。“款坪”是款境内较适中的空旷地，是全款民众集会的地点，一般立有“款碑”。“款约”是一款之内的村规民约，由寨老和款首们议定，是款辖区内村民的行动准则。“款军”由款内的壮丁们组成，是抗敌御匪的主要力量。联款之内，凡有重大的社会政治、军事问题，都要召集款众到款坪集会，名为“起款”，平时逢农闲时节则组织各寨举行赛芦笙、斗牛、讲款等娱乐活动。

三、宗教信仰

侗族经历原始社会，在封闭的自然环境和与中原汉族文化相对隔绝的社会历史条件下，原始信仰的种种遗存长期影响着他们的社会生活和精神生活。从崇拜的对象来看，侗族具有鲜明的自然崇拜和泛神论思想。侗族人认为“万物有灵”，即山川、河流、古树、石碑、石凳、桥梁，甚至水井等都具有神性，这些自然神能起到保护侗族人和侗族村落的作用，不可随便侵犯，都是侗族人膜拜与供祭的对象。尽管如此，自然崇拜并未在侗族社会中分化出独立的宗教组织和产生职业性的僧侣阶层。汉地广为流传的佛教、道教，对侗族文化的影响也较为有限。侗族的宗教文化中融入了中原道教的一些文化因素，如侗族村寨内一般有专门为人们禳灾祈福的“道士”，道教与侗族的原始宗教结合

在一起，形成了包括卜筮、占星、巫术、祈祷、咒术、驱鬼、神符等祭祀活动，对房屋的选址和朝向、营建的时间和程序也有一定影响。

祖先崇拜也是侗族信仰体系的重要组成部分，侗族传统建筑中的萨坛（堂）和飞山宫（庙）就分别体现了侗族对女性神祇“萨岁”（或称“萨玛”“萨享”“萨柄”）和男性历史人物“杨再思”等人神的崇拜。对“萨”的崇拜反映了侗族文化还保留着母系氏族社会的遗俗。侗语“萨”意为祖母。存在于侗族信仰和民间文学中的各种神灵，如始祖神、祖先神、自然神、天神等，都是女性或母性神灵。

杨再思是唐末五代靖州地区的“飞山蛮”之王。五代时期，杨再思率领飞山蛮残部，降附于楚，被封为诚州刺史，挽救了处于灭亡边缘的飞山蛮，取得合法地位的飞山蛮在杨再思的领导下进入了兴盛时期。宋代，杨再思被追封爵位谥号，杨氏族人成为十峒首领。在侗族地区，杨再思被百姓奉为神灵，称为“飞山太公”。

在传统的侗族社会，宗教活动被视作如生产一样重要的行为，宗教活动的地点也常常是村落中最重要的公共活动场所，侗族宗教活动的实用祈求多于宗教情怀，这些活动与社会生活联系紧密，并形成了许多对民众有普遍约束力的生活禁忌。

四、社会经济与产业结构

侗族传统社会为农业社会，社会经济以自给自足的稻作农耕、稻田养鱼和人工营林为核心。侗族的主要聚居区气候温暖，霜期短，雨量充沛，为发展农业、林业生产提供了良好的条件。侗族是中国传统的水稻耕作民族，粳稻（糯米水稻类）是侗族先民的基本粮食作物。在长期的农业生产实践中，侗族形成了独特的山坝型稻作农耕体系。由于侗族长期种植植株较高的糯谷，稻田蓄水深，侗族人民就在稻田内养鱼。每年栽秧后，便把鱼苗放入稻田，秋收季节，鱼苗已长成大鱼，届时一面收稻，一面捕鱼。

14世纪以后，汉文化中心区的森林资源日益匮乏，人们开始利用西南少数民族地区的原木资源。至晚从明代后期开始，锦屏、天柱、靖州等地区已有大批杉木外销，原始森林快速萎缩，侗族人民不得不进行人工营林。进入清代以后，侗族的人工营林业已初具规模。

侗族传统手工业包括织染、刺绣、服装与银饰打造（图1-15）等，手工业产品以服饰为主，大多仅供家庭使用，少数向他人出售（如银饰）。

图1-15　侗族银饰（杨昌鸣摄影）

五、社会因素对侗族传统建筑的影响

侗族的社会组织以“斗”和“款”为不同的层级单位，以林粮间作为主要的经济模式，信仰体系主要包括祖先崇拜和多神崇拜，这些文化属性是侗族传统村落和建筑不断发展演变的背景。社会活动、社会结构和社会秩序决定了侗族村寨公共建筑空间的层级、功能和形式；反过来，作为开展日常生活和节庆活动的主要场所，侗族村寨公共建筑又直接影响着不同家庭、家族、村寨以及侗族村寨之间的交际关系。

侗族南、北部方言区是一个文化概念，两个方言区的村落和建筑形态存在着十分明显的差异，聚居模式也分为三种类型。

1.中心集聚型

在侗族南部方言区，最常见的聚居模式是“中心集聚型”，也就是

村寨以重要的公共建筑(鼓楼、鼓楼坪、戏台与萨坛)为中心,周围环绕干栏式民居,外围以风雨桥及寨门等加以限定。

尽管由于地形的限制,这些侗族村寨并不一定在总平面布局上位于绝对的几何中心,但以鼓楼、萨坛等公共建筑为中心的集聚形态是十分明显的(图1-16)。

图1-16　南侗地区典型村寨——黎平县蒲洞村鸟瞰图(张旭斌摄影)

在这些村落中,修建有不同数量的萨坛、鼓楼、福桥(风雨桥)等具有民族特征的建筑物,以萨坛祭拜侗族共同的祖母神"萨"女神,以鼓楼象征村落男性血缘构成的家族,在村口设造型繁复的风雨桥和寨门;服饰具有侗族传统服饰的样式,还保持着在鼓楼坪前集体唱跳"月也""多耶"的民族风俗。居住建筑通常以干栏式建筑为主,一般包括上、中、下三层,下层架空,用于堆放杂物和圈养家畜,上层布置谷仓和储物间,中层的宽敞前廊是全家的活动中心,从前廊再通往堂屋、火塘间及卧室等功能房间。

2.均质散布型

侗族北部方言区则呈现出一种与南部方言区截然不同的聚居模式。在这一区域,鼓楼之类的公共建筑已经基本消失,民居也不是环绕鼓楼等公共建筑来进行建造，而是沿等高线或河流两岸散布，构成一种自然生长的均质散布型聚落(图 1-17)。

图1-17　北侗地区的典型侗族村寨(柳肃摄影)

3.汉化变异型

在与汉族交流比较频繁的地区，其聚居模式也相应地反映出汉族文化的影响，可以称之为“汉化变异型”。

在这种模式中，地面式住宅几乎完全取代了干栏式住宅，村落中心也被祠堂、庙宇、公田所取代，构成一种与南部方言区形似神异的围合型聚落。在这些侗族村落中，鼓楼、萨坛等侗族的标志性建筑已经很难见到，但具有萨坛性质的家族祠堂(图 1-18)以及一些具有民间宗教色彩的小型庙宇(如飞山庙与土地庙)则比较常见。风雨桥的概念也逐渐弱化，不仅数量较少，造型上也比较朴素。如果只看外观，这些侗族村寨与中国南方的汉族村落很容易混淆。

图1-18　北侗的家族祠堂(刘秀丹摄影)

第二章 侗族传统木构建筑的结构体系和构架设计原理

第一节　结构体系

第二节　构架设计原理

第一节
结 构 体 系

侗族传统木构建筑在总体上可以划归干栏式建筑(图2-1)。侗族干栏式建筑以木材为建筑材料,以架空修建为构造特点。由于自然老化和气候、火灾等因素,目前保存于世的早期侗族干栏式住宅多数都修建于明清时期。

干栏式建筑依其结构构造的不同而有整体框架体系和支撑框架体系的区别。

图2-1　典型的侗族干栏式建筑(杨昌鸣摄影)

一、整体框架体系

整体框架体系是指建筑的下部支撑结构和上部庇护结构联结成一个整体框架的结构体系，简单地说，就是用贯通上下的长柱将上、下两个部分合二为一，整体性较好。

在侗族聚居地区比较常见的“整体建竖”（图2-2）木楼就属于整体框架体系的范畴。

整体建竖又称“整柱建竖”。其具体做法是在每根长柱上分别凿出上榫眼、中榫眼和地脚孔，再用枋将其穿连后竖立起来。上榫眼与木枋串接处正好是天花板的部位，中榫眼与木枋的串接处是铺设楼板的位置，柱子下端的地脚孔装上木枋或圆形杉木后称为“地脚”，可用来嵌插壁板。一般的做法是将三或五根柱子用枋穿连成为一个排架，再用枋将两个或三五个排架连接为一个整体框架，就构成了侗族

图2-2 整体建竖（杨昌鸣摄影）

建筑常见的屋架形式。这种屋架由于在水平方向上都有穿枋互相联系而具有很强的抗震性。同时，这种屋架也具有很好的整体性，即使有一两根柱子柱脚因地形起伏而悬空，也不会歪斜或倒塌，易于适应各种复杂的地形条件，可以极大地减少工程土方量，节约大量人力物力。

二、支撑框架体系

支撑框架体系，是指由下部支撑结构和上部庇护结构组合而成的复合结构体系。形象地说，整座建筑是由埋插入地的柱子（或其他结构）以及搁置在它上面的普通穿斗式房屋组合而成。古代的巢居、栅居等都属于这一体系。

侗族的支撑框架体系也被称为“折合建竖”，又被称为“接柱建竖”（图2–3）。接柱建竖与整柱建竖的差异，其实就在于接柱建竖上层和下层是两组柱子衔接起来的（即先竖下层，后竖上层）。下层排柱每根长（高）7～9尺[①]，上部凿四面榫眼，用枋穿连成排，再将几排柱木穿连竖立，形成平顶矮木架，然后铺上木板形成一个平顶楼台之后，方在楼台上竖起第二层。上层外柱基部凿有榫眼穿入下层的穿枋，使上、下两层合为一体。这种建造方式的优点是可以使用较短的柱子，造价较低；缺点是整体性稍差。

图2–3　接柱建竖（杨昌鸣摄影）

① 1尺≈0.33米。

第二节
构架设计原理

一、构架形式生成原理

侗族传统木构建筑的构架属于穿斗式。穿斗架的一般做法是:通过穿枋贯穿多根柱子,形成横向构架,再用檩条、斗枋把这些构架连接起来,构成整体屋架。其中,横架是穿斗架主体,有三柱、五柱等不同规模。与汉族地区穿斗架相比较,侗族传统木构建筑的穿斗架有其自身的特点,其建造规则简述如下。

1.基准构架及其扩展方式

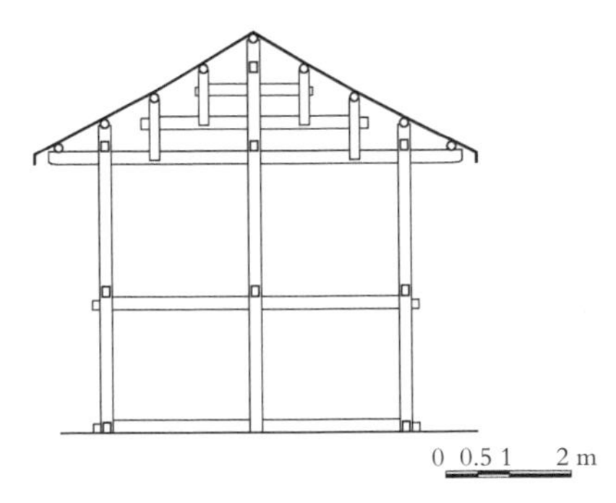

图2-4　三柱四瓜构架示例图(乔迅翔绘图)

尽管实际中的构架千差万别,但基准构架仅有几种或一种,工匠举一反三,变通使用。这里把最常用的标准构架称作基准构架。观察侗寨建筑可知,早年以三柱进深构架最常见,近些年多为五柱。

三柱构架(图2-4)是南侗地区的基准构架。从进化角度看,三柱构架最简单，保留了更多原型，体现了穿斗架的本质；而五柱、七柱等构架，其中间的三柱部分充当构架核心，保持相对独立。同时，构件命名也显示出工匠对这一核心部分的整体认识。

三柱构架中的“穿”“挑”，突出反映了穿斗架的本质。“穿”，是指以扁木（一般称为穿枋，厚1～2寸[①]，高4～7寸，长按所需确定）穿过和联结柱身的做法；“挑”，是指穿枋的受力方式，形成多个“秤杆”（图2-5）。多数情况下，穿枋既“穿”又“挑”。其中，“挑”更能体现穿斗式构架的“构”这一原本特征。

三柱构架命名富有规则。具有秤杆性能的穿枋，从下至上依次为“一川（穿）”“二川（穿）”“三川（穿）”等，自成体系，仅作联系的穿枋多称作“方”。这一命名规则在五柱（图2-6）、七柱构架中完整保留，显示了

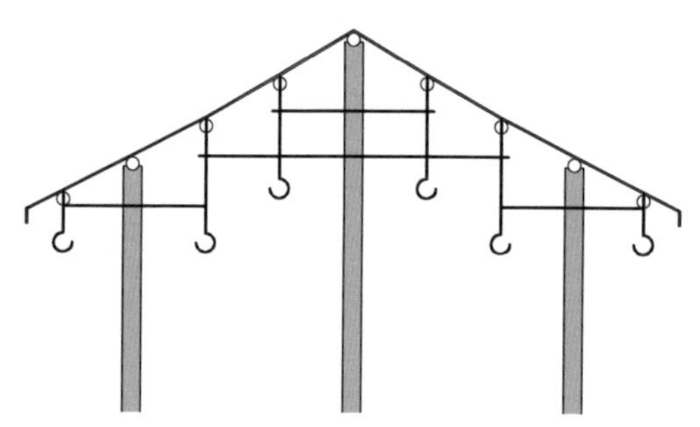

图2-5　三柱四瓜构架中的“秤杆”（乔迅翔绘图）

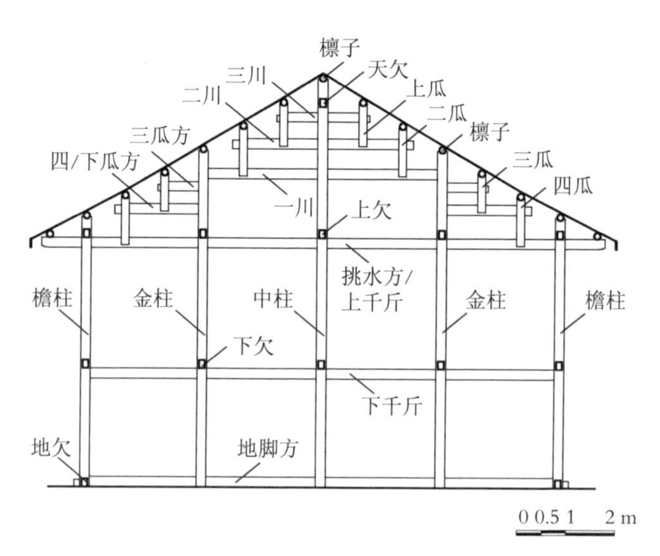

图2-6　五柱构架示例及构件名称图（乔迅翔绘图）

① 1寸≈33.3毫米。

中间三柱构架的某种原型意味。

三柱构架是五柱等构架生成的原型。分析诸多穿斗式构架的形式关联,可推断五柱、七柱穿斗构架的生成规则是:以三柱构架为其核心构架,以三柱构架的半榀为扩展构架,分别在核心构架前后增设(图2-7)。若以三柱构架为A,则五柱构架可表示为$A/2+A+A/2$。

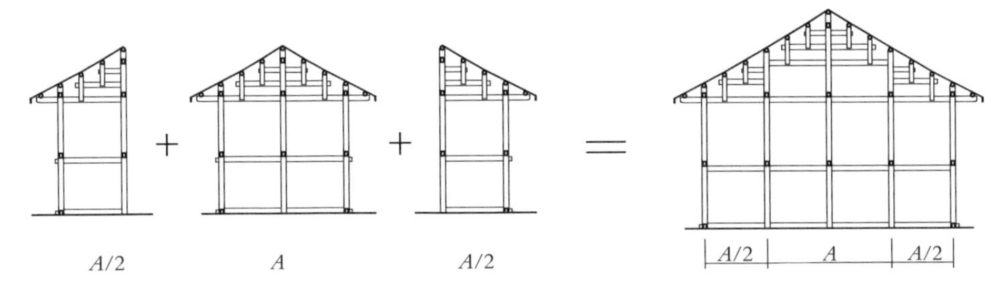

图2-7　基准构架的扩展方式示意图(乔迅翔绘图)

值得注意的是,所扩展的半榀构架,虽保留着基准构架的某种形式,但穿枋的"挑"(秤杆)这一受力特点已经弱化,那些两端插入柱身的穿枋,枋身承受集中荷载,已然成为"插枋"。此外,这一常规扩展方式实际情形因增设吊柱、增加檐廊、前后檐不等高(如抬头屋)、前后构架不对称等做法而出现诸多不同形式。

与上述横向构架不同,侗族穿斗架纵向部分较为固定,即以过间枋"上欠(牵)"(兼承托天花板)、"下欠(牵)"(兼承托二楼楼面板)连接相邻两榀屋架,进而在中柱"上欠(牵)"之上设"天欠(牵)"、前后檐柱柱脚设"地欠(牵)"各一根,以加强联络。

2. 构成单元及其组织方式

侗族传统木构建筑穿斗架的实际情形远较上述复杂多样,还与构架构成单元的组织方式有关。侗族穿斗架基本单元为两柱之间的瓜柱、穿枋组合,其标准式样是:每瓜由两枋联系和支撑,瓜身被"穿"在一根枋头上,瓜脚"骑"在另一根枋身上(图2-8)。对这一瓜、枋组合单元的复制，可形成三柱六瓜、三柱八瓜等不同形式。其中，两柱间布置两瓜、三瓜最常见，柱间距2～2.5米。设计时，先确定落地柱位置与间距，然后等分柱间距为若干份（通常3～5份），每份0.6～0.8米，据此布置瓜柱（相应2～4个）。

图2-8　瓜、枋组合单元（乔迅翔摄影）

瓜、枋组合单元使用灵活，是打破构架规整格局的最主要因素，因此形成了多样的构架形式。扩展构架*A*/2与基准构架*A*的不对应，使得扩展构架*A*/2前与后也会有差异，甚至核心构架部分亦被调整，如因屋架顶部通行高度需要，一川被截断，瓜柱则加长骑在上千斤枋上。此外，若瓜、枋这一组合单元在两柱间布置超过3组、4组，达到5组、6组，下面几根枋木则不达中柱，而与加长的瓜柱相穿插。

二、构架尺寸控制（画线）原理

侗族传统木构建筑构架的长、宽、高皆有经验值，可供实践中选用调整。如开间1丈[①]～1丈4尺，底层层高约7尺（6尺8寸）、二层6尺（5尺8寸），进深三柱的约1丈4尺，与苗族民居甚至《鲁班经》中的尺寸相近。

构架长、宽、高确定后，工匠绘制简单线图（图2-9），把尺寸落实到每个构件，用以备料；同时确定各构件的位置关系和连接方式，尤其是榫卯的位置、形式和尺寸，以进行画线。在诸多构件中（横向的穿、竖向的瓜柱和纵向的枋三类），柱、瓜是穿枋等会聚之处，包含构件几乎

① 1丈≈3.33米。

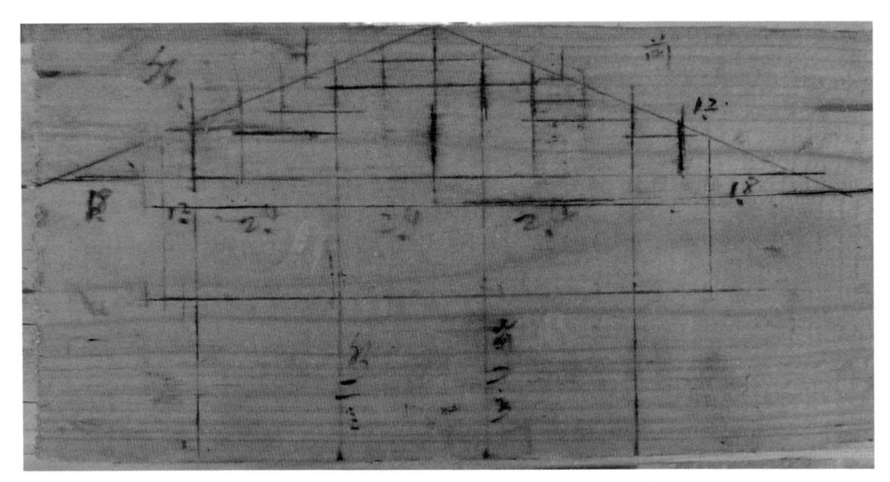

图2-9　具有尺寸的构架设计图(乔迅翔摄影)

全部尺寸、位置信息,最为关键。

确保构件位置的准确最为重要,这是穿斗架成立的根本。究其原因,在于贯穿多根柱、瓜的"穿"的存在,必然要求各相应卯口严密对位。以"千斤枋"为例,枋木穿过的三柱或五柱柱身卯口务必严格保持在一条水平线上,否则不可能成功拼装。因此,穿斗架技艺的关键是确定柱身的卯口位置和大小,以方便同长枋木穿插为一体。至于枋、柱等构件尺寸,虽也有常法,但与"材分制"完全不是一回事。因为材分制起源于抬梁式构架中构件逐层垒叠的做法,而穿斗架则是经由触点"构"成的,属于完全不同的建构逻辑。是注重构件本身的尺寸,还是注重构件的相对位置关系,是穿斗架和抬梁架营造技艺的重大差异所在。

1.柱瓜画线——杖杆法

构架制作时,如何确保各构件位置准确?杖杆的发明就是针对上述穿斗架特点的有效方法。杖杆的具体做法是:把穿斗架各柱节点的竖向位置尺寸全部绘制在宽约2.5寸、厚约0.5寸、略长于中柱的一根木条上(亦有两段接续等形式),或刻画在竹竿上。在这根杖杆上,所有尺寸相互对照关联,直观地再现各节点卯口位置,包括各柱、瓜的柱头,以及横向各穿枋、纵向各牵枋等所有构件位置。

杖杆绘制是构架营造核心技艺之一。绘制程序首先是利用构架横断面简图进行尺寸计算,以明确各柱头、卯口标高及各穿枋尺寸;其次是把这些位置及尺寸“过画”到杖杆上。“过画”的实质是过滤掉进深空间信息,仅保留竖向位置及尺寸。因此,杖杆可看作是横剖面进深空间压缩至无的最后情形(图2-10)。

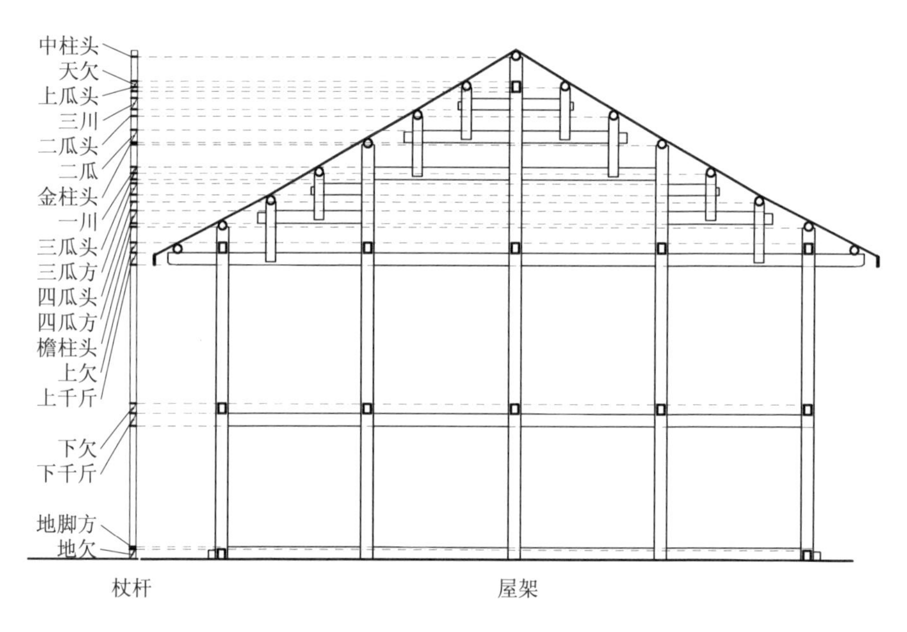

图2-10　杖杆原理示意图(乔迅翔绘图)

杖杆也是柱、瓜等竖向构件画线的依据。作为记录构件尺寸及位置信息的杖杆,类似于1∶1的施工图;但与一般需要放线或放样的施工图不同,此类杖杆施工图可直接“过画”到构件木料上,实为一把足尺的“尺子”。对于各榀屋架中的多根柱子的制作来说,因为使用了同一把这样的杖杆“尺子”来画线,标准统一,可以最大限度地减少错误、减小误差。

2.穿枋画线——穿长瓜距模数尺法

给横向构件画线，除了榫卯外，主要是确定瓜的位置。瓜柱通常等距布置在柱间，穿枋长为瓜距若干倍（以轴线计，实际长度另加穿柱后出头些许），瓜距是穿长的模数。若瓜距为B，则穿长有$2B$、$4B$、$6B$或$8B$不等。基于此，在穿枋画线中，为便于度量，特制备长为$2B$的“尺子”，十分便利。此法可被称为“瓜距模数尺法”。

以水平枋木“穿”柱的构造方式，使得穿枋对卯口大小、位置具有极高要求，这促使杖杆法被广泛使用。此法把一幢建筑所有柱、卯等信息绘制在同一根杆上，使得穿枋所穿过的卯口位置关系极为清晰，消除了同一水平线上各卯口错位的可能性。

三、榫接技艺原理

榫接是穿斗架的主要技艺，其基本特征是注重三向结构性能，确保构架整体稳定性。其主要形式为“穿”，即枋木穿过柱身，形成细柱薄枋形象。侗族建筑尤以枋木两两相榫接较复杂，对技艺水平要求较高。与苗族民居相比，两者差异甚为显著。

1.榫接类型及原理

（1）横架枋木与柱的榫接

此类榫接关键是避免枋柱间位移和脱榫。枋身部分，采用增大榫卯间摩擦力，也即通过“涨眼法”来增强柱枋联结；枋头部分，侗族和苗族民居惯常处理方式不同。侗族建筑采用半通榫，半通榫实为单肩榫，“大进小出”，“小出”高度约为“大进”也即穿枋原高度的2/3，卯口内突变的“坎”（榫肩）可有效阻止柱枋向内位移，枋头出柱处则安上羊角销，防止柱枋拉脱。而苗族民居枋头榫卯多沿用涨眼法，采用无肩直榫，或称"全通榫"，为增大榫卯摩擦力，制作榫头时使入榫尺寸略大于出榫（多1分[①]），拼装时通过大力锤击使之安装到位，再在柱身凿孔安销固定枋柱（图2-11）。

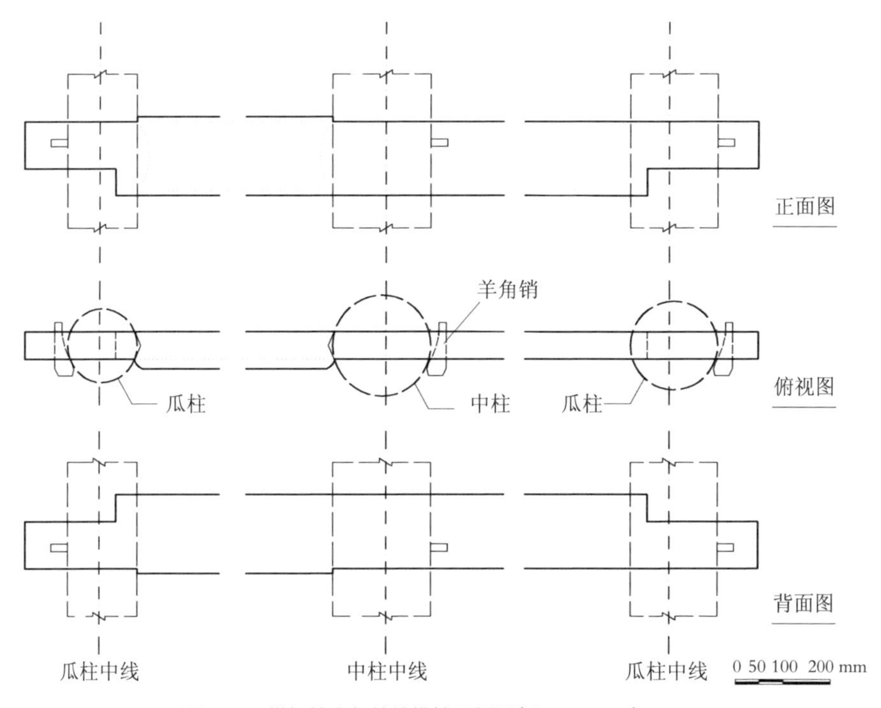

图2-11　横架枋木与柱的榫接示例图（乔迅翔绘图）

侗族建筑的羊角销与半通榫相配套的榫卯组合，比苗族民居穿柱销与全通榫组合方式有较多发展和优势。例如，前者榫卯在抗剪、抗拉构造上分开处理，减小了柱身开口，也给构架拼装操作带来便利。至于穿枋对接情形，可参见下文关于纵架榫接的讨论。

（2）纵架枋木之间及其与柱的榫接

纵架枋木，如用于拉结每榀横架的上欠（牵）、下欠（牵）等，在与柱身交接的同时还出现两枋对接的情形。受柱身卯口大小的限制，此时

① 1分≈3.33毫米。

必须各去两枋头之半，以拼合为一。具体做法不外乎两类：分枋木之“宽面”相接，或是分枋木之“窄面”相接。枋木宽面指枋木高度（广），一般为4～6寸；而窄面指枋木厚度（厚），一般为1.2～2.4寸。由于榫头削弱受损，力学性能减弱，合理分配其抗剪、抗拉功能是此类榫接的关键。

分枋木窄面的榫接，枋木厚度一般取2.4寸，此时相结合的两榫头各宽1.2寸，具有适当抗剪能力。采用涨眼法安装的同时，柱身凿眼安销，确保抗拉能力。

分枋木宽面的榫接，基本形式为“鸳鸯榫”，亦被称为“巴掌榫”[图2-12(a)]。为减小因枋高削减带来的抗剪能力受损，改进后的鸳鸯榫即为“龙舌榫”[图2-12(b)]，抗拉部分减小为“龙舌”，以增大抗剪断面。此时，为掩盖露明的“龙舌”，一面留薄木遮挡，此即“荷包榫”（榫头装入口袋之意）[图2-12(c)]。

对于窄面尺寸较大的枋木，采用“油桶榫”（其形局部类似油量筒）[图2-12(d)]。首先分枋木宽面为上、下两部分，下部为半半榫（半榫，指榫头长为柱径之半；半半榫，指半榫高度为枋木高度之半），用于抗剪；上部再分枋木窄面为二，做成“龙舌榫”或“荷包榫”，实为半半榫与龙舌榫等的复合榫。

侗族建筑以分宽面相接为主，苗族民居以分窄面相接较为常见。事实上，分宽面相接是侗族建筑横架“半通榫”“羊角销”组合的合理发展，分窄面相接则是苗族民居“全通榫”“单销”组合的必然延续。两者相比，侗族建筑此类榫接在榫头形式、力学性能和制作上皆更成熟，具有广泛适应性。

（3）檩条之间及其与柱的榫接

两檩采用“鱼尾形挂榫”，即燕尾榫，首尾连接，直接搁置在刻有深1～1.5寸的倒梯形椀口的柱头上。檩与柱头搭接，檩子一般保留有效高度10厘米，多余部分削去，与柱头外皮间形成卡口，具有抗拉功

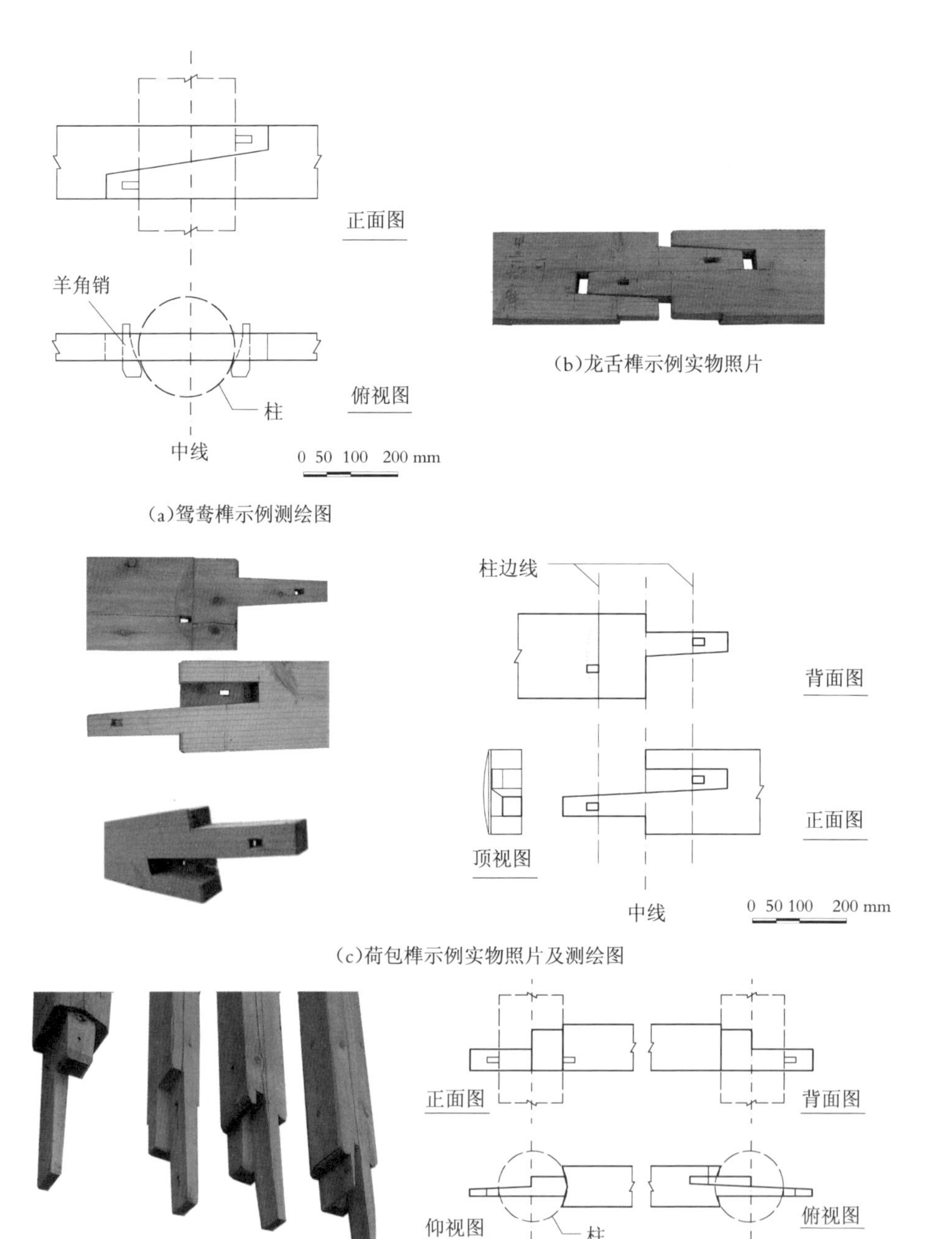

图2-12 纵架枋木对接榫卯图(乔迅翔摄影、绘图)

面(图2-13)。檩子较小无须削制卡口时(如诸多出挑山面的檩子),柱檩间仅靠摩擦力产生少许抗拉功能。此种檩条直接搁置柱头的做法,类似于抬梁架,与苗族民居的扣口榫接法差异甚大。为弥补柱檩榫接的弊端,侗族建筑多在中柱顶部设天欠(牵)一条,增强柱间拉结。

(a)檩子榫卯示例实物照片

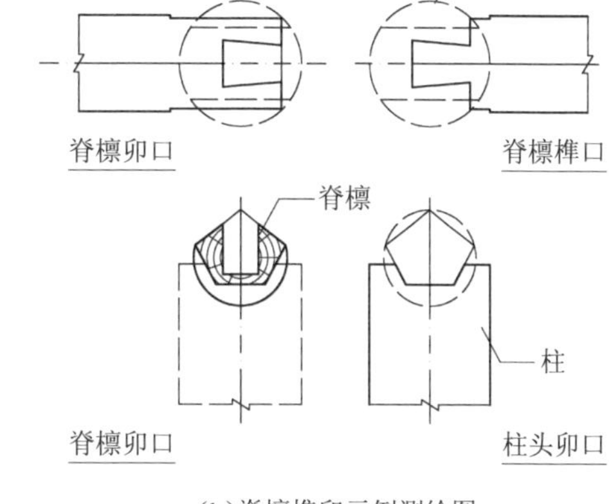

(b)脊檩榫卯示例测绘图

图2-13　檩子之间及其与柱的榫卯示例图(乔迅翔摄影、绘图)

2.竹签法

榫、卯严丝合缝,也是顺利安装的必备条件。限于费用,侗族建筑依材就料,不做细加工,比如柱子,多非正圆且大小不一,曲直皆可,这导致柱身卯口与设计情形有异,相应榫头(穿枋)也就必须据此制作方能与之相合。一幢侗族建筑有数百卯口、榫头,皆不相同,如何便捷地做到卯口、榫头完全适合呢?侗族建筑采用以讨签、交签为主要内容的"竹签法"。

所用竹签长为30～40厘米,宽约1厘米,加工平整,分青、白两面。具体做法是先"讨"后"交":讨,是把已制作好的卯口定位线及长、宽、深所有尺寸量画到竹签上;交,则是把讨来的尺寸绘制到枋上,据此制作榫卯。竹签成为卯口信息记录、传递的媒介。

(1)讨签

讨签是在柱身卯口制作完成后集中进行。通常一个卯口一根签,在青面(正面)量画柱中线及两侧开口位置线,并标示卯口名称;在白面(背面)量画开口长度,侧面量画开口宽度。若为半榫或半通榫,其卯口深度(阴榫)记录在正面下部。也有用方木条代替竹签,每面各讨一个卯口尺寸;若加长木条,每面可讨两个卯口尺寸,这样一根木条够记录全一根柱子的卯口信息了(图2-14)。讨签程序(图2-15)相对固定。

(2)交签

交签在全部卯口尺寸讨完之后开始,比如“下千斤枋”穿过5根柱子,就必须先讨完这5个卯口尺寸。交签的关键是把诸多卯口尺寸与各榫头尺寸正确对位。这要求工匠对各枋与柱的穿插关系了如指掌,且在讨、交过程中遵照规范做法来操作。

竹签即是枋木的替代物,在讨签时,工匠面对柱子正面(由工匠事先规定,一般为面南或入口面,并在此向标注构件名称),竹签如同枋木从柱子卯口“大进”一侧穿进,从“小出”一侧穿出,此时量卯口下部位置画在竹签正面外侧(离开人位),量卯口上部位置标在竹签正面里侧(靠近人位),分别对应榫头的外、里的长度。卯口的长度、宽度则遵从“大进小出”的规则(即便是全通榫,其

图2-14 竹签示例图(乔迅翔摄影)

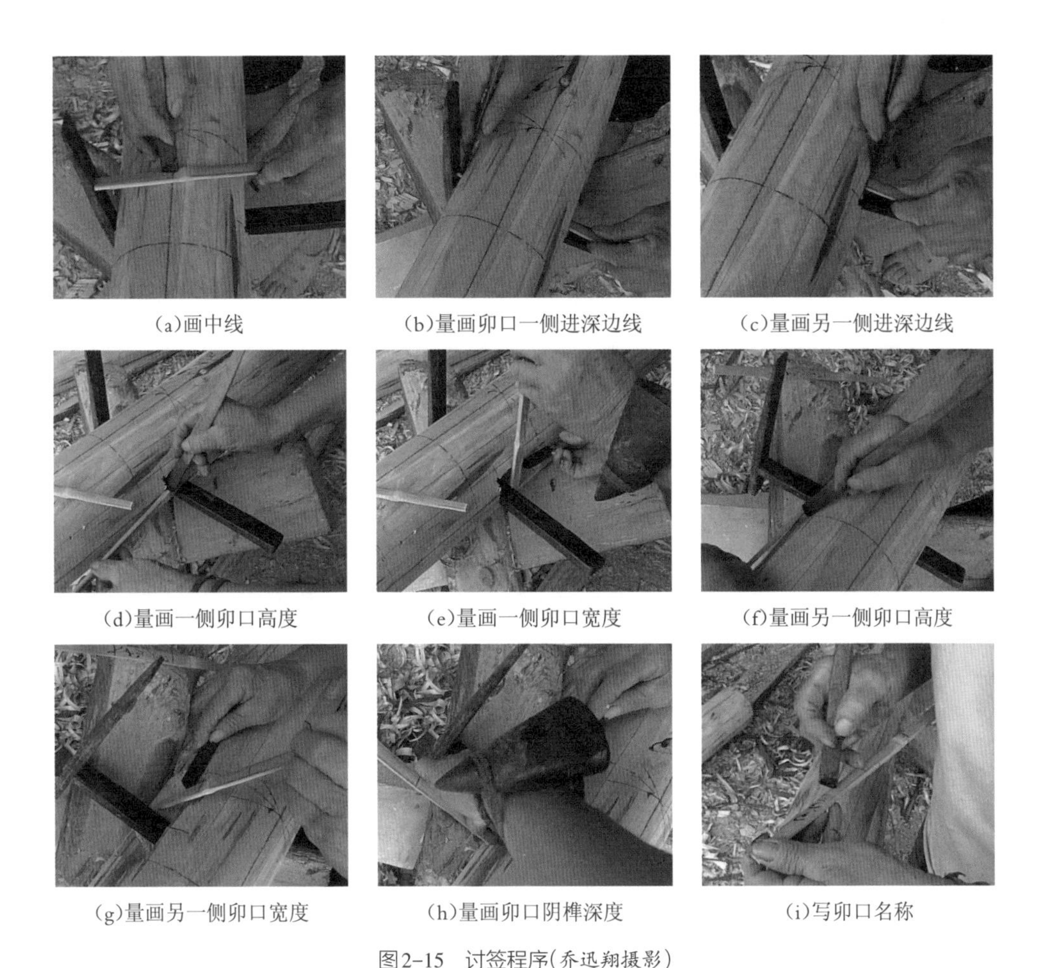

(a)画中线　(b)量画卯口一侧进深边线　(c)量画另一侧进深边线

(d)量画一侧卯口高度　(e)量画一侧卯口宽度　(f)量画另一侧卯口高度

(g)量画另一侧卯口宽度　(h)量画卯口阴榫深度　(i)写卯口名称

图2-15　讨签程序(乔迅翔摄影)

卯口也是“进”略大于“出”的),分别对应于进、出榫头的高度和厚度。在整个过程中,枋木的进出方向须时刻留意。

与侗族传统木构建筑不同,强调涨眼法安装的苗族民居穿斗架,其榫卯技艺采用“记数法”,即在屋架简图上记录已制作好的各榫头(或枋木断面)尺寸,以之为依据画线、开凿柱身卯口。记数法只记录榫头之高、宽,其他尺寸细节需由工匠在操作中凭经验把握。制作枋木榫头时,工匠们采用一种名为“尺寸”的工具进行画线。记数法是与涨眼法安装相适应的榫卯制作技艺。

侗族传统木构建筑穿斗架榫接形成了“半通榫+羊角销”的基准模式,以及包含龙舌榫等在内的能够适应各种榫接方式的榫卯系统。侗族建筑榫头、卯口两者大小对应相合,这与苗族民居按涨眼法安装所要求的进榫大于出榫不同。与之对应,通过卯口放样制作榫头的竹签法广为流行,确保了榫头制作的质量和效率。

第三章 侗族传统木构建筑的类型、工匠、材料与工具

第一节　建筑类型
第二节　建造者和设计者——木匠与掌墨师
第三节　常用建筑材料
第四节　常用工具

第一节
建 筑 类 型

侗族村寨虽然是由一幢幢单独的木楼组合而成,但却散发出浓浓的亲情。事实上,侗族村寨也的确是亲情凝聚的缩影,它是对特定的历史条件和地理环境的一种物化回应。与其他原始氏族一样,在生产力低下的年代里,只靠单个家庭的力量是难以生存下去的。在这种情况下,若干有血缘关系的家庭聚集在同一屋檐下共同生活,这就成为侗族先民代代相传的生活模式。即便是在聚居模式已经转变为分居模式的今天,亲情凝聚的集体生活意识也依然对侗族人民产生着潜移默化的影响。

1. 长屋

侗族长屋就是这种集体生活意识的“活化石”。长屋,也称“长房”,也就是长度要比普通住宅长得多的房屋,长度最长的可超过100米。外国学者称其为公共住宅,这是因为居住在这种长屋中的是若干个小家庭,或者是一个家族乃至一个氏族。有时一座长屋就可构成一个村寨,其规模可想而知。

在侗族长屋这种多单元共居的住宅里,每个居住单元由大家族内的一个小家庭所使用,均质性的空间体现了在大家族支配体系下各个小家庭单位的平等性。居住单元的多寡由家族规模的大小决定。对

于侗族来说,一个火塘就代表了一个核心家庭。在一个集体住宅里,火塘的数量代表了居住在其中的小家庭单位的数量。“高然岱侬”是侗族家族组织中最活跃的一个社会单位,无论大小事情,成员都将之视为自家的事。“高然”就是指屋内的火塘间,“岱侬”是兄弟的意思,其合意就是共一火塘的屋里兄弟。随着经济的发展和生产力的提高,侗族的生产与消费单位由血缘大家庭转向核心家庭,居住模式也分解为更迎合核心家庭需求的基本单体住宅。

侗族长屋主要分布在贵州榕江县乐里镇保里村至往里村一带的村寨。保里大寨现存的干栏式长屋占总住宅量的20%以上,当地称“老屋”,多为“七间两厦”。不过,以二十柱四排三间的房屋最常见。这些干栏式长屋始建于清乾隆中期至同治初年。较典型的如平流寨吴正恩等8户居住的干栏式长屋,当地人称之“七间屋”,系其祖父吴顺宁修建,距今已传了五代人。说是七间屋,其实占有十四个开间,屋两端再各加一间偏厦。每一户往往占两个开间。火塘间一半的面积做成火铺,另一半成为通道,也即火铺占一整个开间。如此一来,无论住多少户,整个长屋仍然是偶数开间,这在小家庭住宅中也很普遍,与汉族民居的奇数开间模式迥异。在长屋进深方向,由前至后是走廊、火塘间和卧室。

图3-1 贵州榕江县乐里区保里村吴家大房子(杨昌鸣摄影)

保里村吴家大房子(图3-1)是目前保存较为完好的侗族长屋的一个典型实例。这座建筑总长为36.2米、宽10米。在平面布局上,是将若干个小房间布置在通长走廊的一侧，居住人口最多时有80余人。

随着社会的发展，长屋逐渐解体，演变为在某些侗族村寨可以看到的近亲联排式住宅。近亲联排式住宅实际上是若干具有血缘关系的近亲家庭在同一宅基上建造的联排式木楼。各木楼的构件尺寸相同，进深开间及高度相同，甚至连建房的时间也相同，而且各家之间屋檐相接、楼板相通，从远处看去，与长屋几乎一模一样，正如侗歌里所唱的那样“侗屋高高上云头，走遍全寨不下楼”，因而又被称为“大团寨”。

2. 分户木楼

即使是分户建造的木楼，也呈现出比较明显的集体生活方式的痕迹。在总体布局上，各家的木楼总是按照一定的秩序和位置布置在鼓楼的周围。这种向心性的布局形式可以使人们时刻感受到亲情的巨大凝聚力。

现在最常见的侗族木楼的平面布局形式实际上就是一幢缩小了的长屋。一条宽宽的走廊，将家庭的各个小房间联系在一起，也将家庭的各个成员紧紧地团结在一起。

宽廊（图3–2），也是侗族木楼与其他民族的干栏式住宅相区别的较显著的特征之一。在侗族木楼中，走廊的宽度接近整幢建筑进深的三分之一。换句话说，走廊的面积差不多要占整幢建筑面积（底层架空部分除外）的三分之一。这样宽的走廊在其他地方是不多见的。侗族人民为什么要将走廊做得这样宽呢？这是因为走廊不仅具有交通联系的功能，同时也具有家人聚会、娱乐休

图3–2　侗族住宅的宽廊（杨昌鸣摄影）

息、家务劳动、接待客人等多种功能。它实际上是整个家庭除了睡眠之外的主要日常活动的真正舞台。如果说那些相对封闭、昏暗的小房间的功用侧重于满足家庭生活的私密性要求的话,那么侗族的宽廊则显然是家庭生活公共性要求的产物。诚然,在各民族住宅中,几乎都有满足家庭生活公共性要求的考虑,如汉族的堂屋等,可谓殊途同归,只不过侗族的宽廊更多地反映了古老的长屋生活方式的精神实质罢了。

侗族木楼的居室同样体现出这种影响。凡是比较典型的侗族木楼,组成整个家庭的各个生活单元虽然可以自成一体,但都自觉地从属于整体空间,其居室大多沿着走廊并排设置,每个居室的平面布置也都基本相似,形成一个个私密性较强的单元空间。也正是在这些私密性小空间的衬托下,宽廊的公共性才更显必要和突出。

3. 火塘

火塘(图3–3)也是侗族家庭生活中的一个重要元素。所谓“火塘”,其实是指镶嵌在楼板上的一个敞口浅木箱,箱中盛有灰土,以便架柴生火,做饭取暖。火塘周围常嵌以砖或石板,可起防火作用。

就火塘的功用来说,它在早期建筑中并不只是用来煮食,更主要的功用可能还是取暖御寒,因为对于尚无有效御寒手段的人们来说,这可能是最为简便有效的措施。因此,火塘不仅是室内日常活动中心,而且是室内供暖中心,它的周围当然也就是最佳寝卧处了。这就在客观上确立了火塘在室内空间中的主导地位。火塘的具体位置再加上以睡席划分寝卧空间的布局方

图3–3　侗族住宅的火塘(杨昌鸣摄影)

式,也在一定程度上决定了整个建筑的格局。

在侗族木楼中,既有供整个家庭使用的火塘,也有可供各个小单元使用的火塘,以满足不同的使用要求。而火塘具体位置的确定,又与木楼的平面格局有着密切的联系。一般情况下,供整个家庭使用的火塘设置在“火塘间”,这个火塘间相当于汉族的堂屋与厨房的混合体,是家庭的核心;供各个小单元使用的火塘所处位置要稍微灵活一些,它们有时设置在小居室的前部,有时又设置在小居室的楼下(在这种场合,居室往往是上下层相通的),有时甚至与寝卧处合并设置,并无一定之规,主要视各自的习惯而定。更有意思的是,有的侗族人家采用了将火塘间与宽廊合二为一的做法,无形中使宽廊的意蕴显得更为深厚。

二、鼓楼

关于鼓楼,最早见于史书的是明代邝露的《赤雅》,其中记载:“罗汉楼……以大木一株埋地,作独脚楼,高百尺,烧五色瓦覆之,望之若锦鳞矣。”明万历年间《赏民册示》记载:“村团或百余家,或七八十家,三五十家,竖一高楼,上立一鼓,有事击鼓为号。”清嘉庆李宗昉《黔记》记载:“黑苗(侗)在古州诸寨共于高坦处设一楼,高数层,名聚堂。用一木杆,长数尺,空其中,以悬于顶,名长鼓。凡有不平之事,即登楼击鼓,各寨相闻,俱带长镖利刃,齐至楼下,叫寨长判之。”

在侗族民间,鼓楼亦有多种称谓,如:

“百(bengc)”,堆垒,意为木头堆积而成的房屋,矮小的棚子。

“楼(lougc)”,出现在《祭祖歌》中,为汉语借词。

“堂卡”“堂瓦”,意为众人说话的地方,众人议事的场所。

有学者从语言学、社会学的角度指出,在侗语中,“鼓”为“Gungl”

“Jungl”或“Gungc”，而“鼓楼”为“GuhLouc”“WuhLouc”，也即侗语中的“鼓楼”实际并没有“鼓”的意思，而只有“楼”，即高楼的意思，从而推测侗语“鼓楼”一词是汉族语言文字引入侗族地区之后，对汉族“鼓楼”名称的借用。

虽然《赤雅》一书中所描写的“罗汉楼”被看作是鼓楼的早期形象，这种独脚楼的残迹至今仍可在贵州黎平县岩洞区述洞寨鼓楼（图3-4）中见到。这座鼓楼平面为方形，共有7层，其结构形式是以中心部位直通到顶层的一根独柱为支点，从对角线的方向挑出梁枋承托屋面，层层后退，构成美丽的屋顶形象。

然而，独脚鼓楼毕竟已很少见，随着时代的变迁和技术的发展，鼓楼的形式发生了很大的变化，并且依所处地区的不同而表现出各具特色的面貌特征（图3-5）。

作为一种具有集会所性质的公共性建筑，鼓楼是村寨的领袖寨老召集村民商议村寨大事的主要场所。鼓楼既是制定乡规民约的场所，也是维护它们的场所。凡是有与乡规民约严重相违的事件发生，

图3-4　贵州黎平县述洞寨鼓楼（张旭斌摄影）

（a）登岑村中日友好鼓楼

（b）地扪村母寨鼓楼

（c）地扪村寅寨鼓楼

（d）地扪村千三鼓楼

（e）厦格村鼓楼

（f）高近村鼓楼

图3-5　部分鼓楼照片（张旭斌摄影）

都要在鼓楼召开全寨大会来惩罚肇事者，这同时也可使村民受到教育，达到维护正常社会秩序的目的。

村民遇到调解不了的纠纷，也要到鼓楼来裁决，亦即众人断案，在鼓楼判决。这在侗寨算是终审判决，一经宣判，不得上诉。鼓楼的权威可见一斑。

鼓楼又是侗寨经济活动的决策场所。凡是与全寨人民生活有关的经济问题以及牵涉到集体利益的重要生产活动都要在鼓楼中集体商议决定。如举行插秧仪式、兴建水利工程、开展集体狩猎或渔捞活动、修路架桥等，都要在鼓楼中议定日期并安排组织。此外，对物价的调节和粮食的控制、家族或村寨共有土地的出售等，也是鼓楼集会所要讨论的重要内容。

(a)高近村鼓楼上的鼓

(b)流芳村鼓楼上的鼓

图3-6　鼓楼上的鼓(张旭斌摄影)

鼓楼也可作为军事指挥的中心。遇有战事，村民要在鼓楼决定如何采取军事行动、举行出征仪式、庆贺凯旋等。当然，及时发现敌情并鸣鼓报警，也是鼓楼基本的功能之一(图3-6)。

在鼓楼中进行得较为频繁的活动内容涉及文化、娱乐和宗教等方面(图3-7)。老年人可以在这里休息或“摆故事”，青年人可以在这里对歌跳舞。节日里这里又是迎宾和聚会的场所。全寨

(a)地扪村千三鼓楼日常

(b)堂安鼓楼举行的萨祭踩歌堂

(c)堂安鼓楼举行的送葬仪式

(d)堂安鼓楼送葬仪式结束后的村民聚餐场景

图3-7 鼓楼的日常活动(张旭斌摄影)

性的祭祀活动、年轻人的成年仪式等,也都要在鼓楼举行。

就其外观形式来看,目前较常见的鼓楼大致有以下三种类型:

1. 干栏式

侗语把这种形式的鼓楼称为升高的房屋,意思是在干栏式民居上加高的房屋。干栏式鼓楼在构造方式上大体与普通干栏式住宅相同,下层全部或部分架空,主要活动区域布置在上层,屋顶由层层屋檐加上攒尖顶组合而成。整座建筑体形并不太高,可看作是由立方体楼身部分、截尖方锥体楼檐部分以及四角或多角攒尖的楼顶部分叠加起来的形式。广西三江县新寨鼓楼(图3-8)就是这种形式的典型代表。

图3-8 广西三江县新寨鼓楼(引自《桂北民间建筑》)

2. 地楼式

地楼式鼓楼意指从地上直接立起来的楼房。这种形式可看作是省略了架空层的干栏式鼓楼,其楼身和楼檐的构造处理也与干栏式基本相同,只是平面形状变化较多,楼檐也更为密集和瘦长,一般为每层檐内收一尺,间距(高差)二尺半,出挑三尺。这种鼓楼最突出的特征是在密集的楼檐端部用华丽的鼓亭结束。其鼓亭由亭身和亭顶两部分组成:亭身略有收分,并安装有木棂窗;亭顶有单檐和重檐两种,多为攒尖顶,偶有歇山顶,檐下常用如意斗拱层层出挑,形成叠涩状封檐,内部立雷公柱,柱上置高1丈左右的铁刹杆,串以钵罐等构成葫芦状宝顶。这种处理手法显然受到汉族建筑的某些影响,应当是比较晚近的形式。这种形式的典型代表当推贵州从江县的增冲鼓楼。此外也有些鼓楼的亭顶不用斗拱出挑而用被称为"翘手"的构件来承托上部构件,反倒显得简洁明快。这种做法在广西三江县的马胖鼓楼(图3-9)上反映得很明显。

图3-9 广西三江县马胖鼓楼(引自《桂北民间建筑》)

也有模仿汉族楼阁造型的鼓

楼，如贵州榕江县车寨鼓楼（图3-10）等就属于这种类型。

3. 厅堂式

这种形式的鼓楼体形比较简单，有些近似于普通的厅堂建筑，其结构形式多为穿斗式，有时置有重檐。在侗语中人们把这种形式的鼓楼称为聚众议事的场所。

除了上述三种主要类型之外，还有一种门阙式鼓楼，系厅堂式鼓楼与侗族寨门相结合的产物。

另外还有一些比较复杂的形式，大多是在上述基本形式的基础上发展变化而来，较为灵活，并无一定之规。

鼓楼（图3-11）从立面上可分上、中、下三部分。

鼓楼的上部由棂窗、蜂窝斗拱（也称“蜜蜂窝”）、宝顶等构成。

鼓楼的中部由层层叠叠的屋檐构成，每层屋檐按一定的尺寸向内收进，形成极富韵律的外部轮廓曲线。鼓楼屋檐一般为四边形、六边形、八边形等，既可以与鼓楼的底层平面保持一致，也可

图3-10　贵州榕江县车寨鼓楼（杨昌鸣摄影）

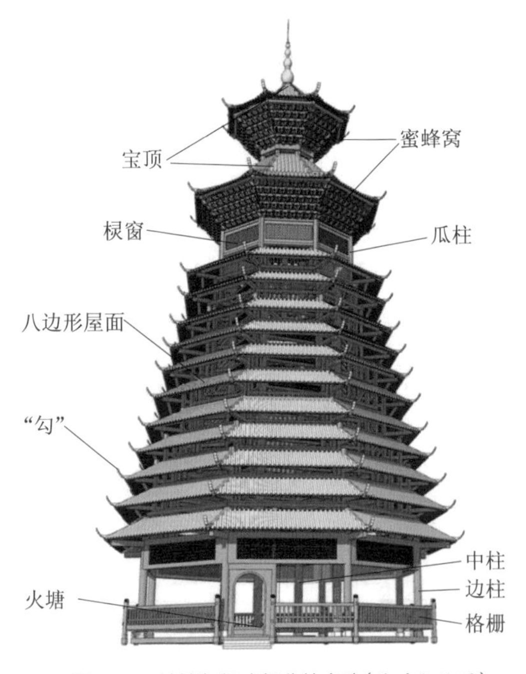

图3-11　鼓楼各组成部分的名称（陈鸿翔绘图）

以根据需要转换为不同的平面形式，使得鼓楼的整体造型灵活多变。鼓楼屋檐的翼角部分一般没有起翘，但通常会有一个俗称“勾”的装饰，有时也有灰塑的蛇、虎、狮、兔等装饰，看起来栩栩如生，有向上升起之感，类似汉族传统建筑飞檐的效果，使得鼓楼形态轻盈、秀美。

图3-12　鼓楼中的火塘（杨昌鸣摄影）

鼓楼的下部多为八柱或十六柱落地的方形平面，是供人活动的主要空间。有的鼓楼在底层部分采用板壁围合的手法，封闭感较强；有的只用座凳加以围合，从而形成开敞的聚会空间。

鼓楼的中心位置通常设有火塘（图3-12），周围放置着宽阔的凳子，便于人们休息交流。

三、萨坛

侗族的萨坛也称“先母坛”，是供奉萨岁的神坛。

萨坛的供奉方式依地区的不同而略有区别。在侗族聚居的中心区域，如贵州的黎平、从江、榕江一带，萨坛的大门一般都是终年锁闭的，坛内既不焚香烟，也不烧神纸。一年一度的祭祀时间通常是农历春节的头三天（也就是正月初一到初三），这也是侗族人民与萨岁共度佳节的日子。每到这个时候，萨坛的大门开启，祭祀活动按照固定程序逐一展开。人们身着节日盛装，载歌载舞，感谢萨岁在天之灵的保佑，并祈求新的一年里万事大吉。在与其他民族交往较频繁的侗族地区，人们对萨坛的敬奉变得与普通的庙宇相差无几，坛内终日香烟缭绕，原有的特色已不复存在。

萨坛形式各异，既有露天的萨坛，也有室内的萨屋。有学者将萨坛和萨屋统称为萨堂。另外还有一种受到汉族影响的变异形式——家族祠堂。

无论萨坛的形式如何，在其内部都要安放显圣物。显圣物的种类很多，常见的有“萨木”（即阴沉木）、“萨石”（从萨岁山背回的白色石英石）、“萨土”（从萨岁山背回的黄土）、“萨水”（河流交汇处的漩涡水）、“萨蚁窝”（九层蚂蚁窝）、“萨虎粪”（以前是老虎粪便，现在用萨土代替）、“萨茅草”（长度为3尺的茅草）、“萨芦苇”（长度为1丈2尺的芦苇）、“萨浮萍”（采自朽木或溪水里的浮萍）、“萨葡萄藤”（长度为3丈6尺的野葡萄藤）等；陪葬物则大多为日常生活用品，如炊具、衣物等。

在萨坛的土坑上面通常要放置一个圆形簸箕，借以显示萨岁的庇护作用。在簸箕上面填土，再用石头垒砌为圆坛。最后要在坛上栽种“萨树”（黄杨树）。如果是室内的萨坛，则用“萨伞”（半开的黑色油纸伞）代替。

（a）地扪村萨坛

（b）流芳村萨坛

图3-13　露天萨坛（张旭斌摄影）

1. 露天萨坛

露天萨坛（图3-13）通常设置在村寨的鼓楼坪或处于中心位置的旷地上，多用石头垒砌而成，其直径约3米，高约1米，里面也埋着铁锅等物品，有时还有木雕女人头像，上面栽植一株黄杨树，四周植有芭蕉或荆棘。

2. 萨屋

萨屋（图3-14），也就是室内神坛，不太高，也不太宽，一般为2～3

(a)登岑村萨屋

(b)高近村萨屋

图3-14　萨屋(张旭斌摄影)

米,既有全木结构,也有砖木结构,形式各式各样。但无论是萨坛还是萨屋,其功能都一样。

萨屋一般建在村寨中央,四周用盖瓦的墙壁围合出一个露天内天井,天井的中心处用鹅卵石砌成一个高约1米、直径为0.67～1米的圆柱形石坛。石坛下埋着铁三脚、铁锅、火钳、银帽、油杉、木棒、铁剑、白石子等物品,有的石坛上还撑有纸伞或植有冬青树等。

另外还有比较正规的做法,是在一座矩形小屋中用板壁围合出神坛的所在。平时紧闭房门,不让外人窥视,只在祭祀时才对外开放。例如贵州从江县巨洞寨的先母坛,就是一座底层高约1米的干栏式建筑,其平面为正方形,四周开敞,仅在其中四分之一的部位用板壁加以围合,这样就构成了一处封闭的室内神坛。

在离巨洞寨不远的苏洞寨,又有一座与之略有不同的室内先母坛。这座建筑为普通的穿斗式地面建筑,平面略呈长方形,四周均用板壁围护,仅在东面辟门,长年锁闭。

3. 家族祠堂

在贵州的北侗聚居区,由于受汉族的影响,萨坛则演化为与汉族类似的家族祠堂(图3-15)。

这些家族祠堂的平面一般都是多进合院式布局,建筑高大宏伟,室内外装饰丰富多彩,风格上融合了中原、荆楚、岭南与苗侗传统文化

图3-15　贵州天柱县三门塘刘氏宗祠(刘秀丹摄影)

的特色,有的还有明显的外来文化影响的痕迹。

四、风雨桥

由于侗族村寨在总体布局上表现出与溪流的亲和关系,连接溪流两岸的桥梁便具有了特殊的重要性。在侗族聚居地区,大多数桥梁都是廊桥,可为行人遮风避雨,所以人们一般称之为“风雨桥”或“福桥”(图3-16)。

侗族聚落旁边常有河流经过,风雨桥是连接河流两岸的交通设施,也是村民们平时休闲聚会的地方。

在侗族村寨的总体布局中,风雨桥具有调节风水的作用,通常会

图3-16　广西三江县程阳风雨桥(戴志坚摄影)

设置在风水术所说的水口的位置,以便“关锁风水”。广西三江县程阳八寨中的程阳桥、合龙桥、普济桥和万寿桥,以及贵州榕江县大利村的寨尾花桥等,都设置在村落的水口。

风雨桥也是侗族群众逢年过节前来进香祈神的地方。在许多风雨桥的桥堍、桥亭里,都可以看得到神龛。这些神龛的形式多样,大小也不太一致,比较常见的尺寸是高80厘米、宽50厘米、深30厘米。神龛里供奉的大多是汉族地区较普遍供奉的关公、土地神牌位或神像,这也从一个侧面反映出当时人们对洪水危害的重视以及对风调雨顺的好年景的憧憬。

事实上,在侗寨的风雨桥上,常常可以看得到正在聊天、休憩的老人(图3-17),或是正在织布、纺线的妇女,还可以看得到朦胧夜色中那些轻吟低唱着情歌小调的男女青年,当然也能看得到喜气洋洋迎送宾客的热闹场面。人们不但把风雨桥看作是一个交通枢纽，而且把它看作是一个沟通人际关系的精神枢纽。在这种观念的引导下，既能遮风避雨，又能坐卧依倚的风雨桥实际上已演变成整个村寨的公共客厅。正是在这开敞通透的桥廊与侗族木楼的前廊之间、公众空间与家居空间之间，相似的活动与氛围之中一幅幅多彩多姿、其乐融融的侗族生活画卷徐徐展开。

图3-17　在风雨桥休憩的村民(张旭斌摄影)

风雨桥又是人们发挥艺术天赋的极好场所。不管是在桥梁的外部造型方面，还是在桥梁的内部装饰方面，都可以看得到侗族能工巧匠的精彩表演。独特的建筑造型(图3-18)、丰富的色彩、简练的线条，直观地显示出侗族人民富有个性的审美意象。

图3-18　通道回龙桥的桥亭造型(柳肃摄影)

除了解决交通问题，风雨桥还具有十分丰富的功能。

在汉族的风水观念的影响下，有的村寨尽管并不临河跨水，却也在平地上建造一座风雨桥，其目的就是为了从形式上满足风水对理想居住环境所提出的要求。这种现象也从一个侧面说明，风雨桥已经由它原来所具有的实用功能逐渐向精神意义方面转化。因此，它在侗族

村寨生活中所占有的地位也就不可同日而语了。甚至有人将它看作是侗族村寨的缩影，其理由是风雨桥的中央桥亭就像是村寨里的鼓楼，长长的桥廊就像是排列整齐的木楼，桥塊的桥亭又好像是村寨的寨门。更重要的是，风雨桥上的许多活动正是村寨日常活动的重演。

有的风雨桥还巧妙地解决了人、畜交通分流的问题，也就是在同一座桥上为行人与牲畜分别设置通道。具体做法是：主桥面为人行桥面，在主桥面的一侧设有牲畜专用道，二者之间有一定的高差。将人、畜分离的处理包含有精神和实用两个层面的含义：在精神层面，侗族人将桥亭看作是“庙”，牲畜不能从“庙”中通过；在实用层面，既可使过往行人免受牲畜的干扰，又有利于保持主桥面的清洁，为人们提供了一个有序、干净的交通环境。广西三江县的巴团风雨桥（图3-19）就是这种人、畜分流的风雨桥的典型实例。

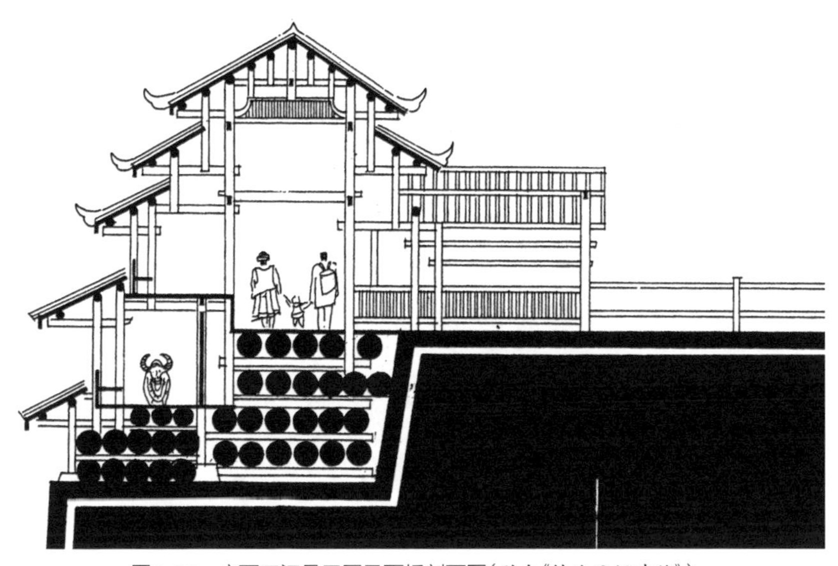

图3-19　广西三江县巴团风雨桥剖面图（引自《桂北民间建筑》）

从类型上来看，风雨桥有不带桥亭的平廊型和带桥亭的亭廊型两种基本类型。

1. 平廊型风雨桥

平廊型风雨桥，桥架多为单跨简支梁结构，桥廊以三开间、五开间最为常见，皆为悬山顶，屋脊、檐口等做法同于普通民居，通常供寨子内部交通之用，仅在桥廊出入口处设简易神龛以供奉土地神。三江县的坳屎桥、美烧桥[图3-20(a)]就是这种类型。也有大型的平廊型风雨桥，如三江县林溪镇乐善桥规模达三墩四跨二十一间桥廊。

2. 亭廊型风雨桥

亭廊型风雨桥形式较多。在平廊型基础上，桥廊局部排架金柱连带屋顶伸出桥廊屋面，形成叠落的两坡"起楼"造型，所出桥亭为悬山顶。这是亭廊式风雨桥的一种简单做法，程阳八寨的新寨桥、频安桥和万寿桥[图3-20(b)]为此类。而不少大型风雨桥在桥廊两端和中部设三座、五座甚至更多桥亭，把桥廊分割为若干段，每段长五间左右。中部的桥亭高，两端的桥亭低，与水平向桥廊一起形成纵横对比、主次分明的整体韵律。桥亭实际上是逐层收分的多重密檐楼阁，其屋顶除了悬山顶外，更常见的是歇山顶和攒尖顶。后者又习惯被称为塔。塔形桥亭类似鼓楼，其底层或下部几层平面为方形，上部可转换为六边形或八边形平面。每座桥亭正中开间设祭祀神龛，围以板壁，在梁枋、板壁、封檐板等处绘制彩画，供奉土地神、判官、魁星、关公、飞山公、文昌星、始祖佛、盖天古佛等。为了保护桥架，有的于桥廊、桥架交接处设挑檐一层。程阳八寨的合龙桥、永济桥[图3-20(c)]、普济桥[图3-20(d)]即属此类。

被誉为"楼桥之乡"的广西三江县境内有侗族风雨桥177座，保存状况较好，其中以程阳八寨风雨桥最负盛名。程阳八寨位于县城北部的林溪镇，包括马安、平坦、平寨、岩寨、董寨、程阳大寨、平埔、吉昌等8个自然村，约2 200户，近万人，是我国典型的侗族聚居区之一。这里

(a)美烧桥

(b)万寿桥

(c)永济桥

(d)普济桥

图3-20　各种风雨桥(李哲摄影)

有大大小小的风雨桥8座,全国重点文物保护单位程阳永济桥即位于此地。程阳八寨的8座风雨桥,分别是坐落在林溪河上的永济桥、合龙桥和普济桥,高迈溪上的美烧桥、坳屎桥、频安桥和万寿桥,以及平寨村东头小溪上的新寨桥。除万寿桥、新寨桥建造于20世纪八九十年代以外,其余6座风雨桥建造于清末或民国时期。

风雨桥又因其彩绘精美、装饰华丽而被称作"花桥"。从其外观造型(主要是桥廊部分)上来看,又大致可分为普通花桥、亭阁花桥、鼓楼花桥三种。普通花桥的桥廊比较简单,一般是"人"字顶;亭阁花桥的桥廊两端及中央往往被做成亭阁的式样,具有较强的装饰效果。鼓楼花桥(图3-21)则是将鼓楼的造型与廊桥巧妙结合的产物。此外,也有一些花桥的形式比较复杂,装饰的效果也更强烈些。

(a)地扪村双龙桥

(b)地扪村双凤桥

(c)地扪村向阳桥

(d)地扪村公路桥

(e)登岑村廻龙桥

(f)高近村花桥

(g)高近村福利锦桥

(h)茅贡镇贡兴桥

图3-21 鼓楼花桥(张旭斌摄影)

图3-22　花桥上的彩绘《松鹤图》(张旭斌摄影)

花桥桥身内一般有绘画装饰(图3-22),其题材多为老百姓喜闻乐见的民间传说和动物形象,也有一些是画师自由发挥的侗族日常生活场景。以贵州黎平县地扪村向阳桥为例,共有画作十余幅,全都出自地扪村画师吴胜安之手。其中有以民间传说作为题材的《三国人物(刘备、关羽和张飞)》《水浒传故事(武松打虎)》《封神演义》《仙女散花》《八仙过海》《仙子浴春》《西天取经》《三打白骨精》和《刘三姐渡江》;有以动物形象为题材的雄狮和大鹏;也有以侗族生活场景为题材的《勤耕细作》《绣今纺古》《春节拜年》《望子成龙》和《民俗乡恩》等。

最负盛名的侗族花桥当属贵州黎平县的地坪花桥(图3-23)。

地坪花桥凌空飞架于黎平县城以南109千米处的南江河上。地坪花桥始建于清代光绪二十年(1894年),1959年失火被烧毁,1964年重建,1981年再度进行修理,目前是贵州省文物保护单位。该桥长约56

图3-23　贵州黎平县的地坪花桥(刘秀丹摄影)

米，宽3.85米。桥廊内外有多种彩绘及雕刻，在建筑及装饰风格上与以程阳桥为代表的广西风雨桥有比较明显的区别。

如果说地坪风雨桥在建筑造型和建筑装饰方面下的功夫较大、人工雕琢的痕迹略多的话，大多数的风雨桥还是把重点放在解决实际使用问题方面，其总体形象一般都是朴实无华的。

一座大型风雨桥一般由桥基、桥架、桥廊与桥亭组成。桥基是廊桥的基础，有台、墩两种。桥台与河岸连在一起，由青石块砌成；桥墩屹立于河道之中，一般以青石块或毛石砌成外廓，内部再填以料石或河卵石。为加大过水量，增强稳定性，减轻流水的冲击，桥墩顺水流方向呈细长形，高度上内收6%～10%，迎水面夹角60°～70°。有的桥墩以石柱与枕木组成的门子架替代，个别还有采用木柱墩的。桥台、桥墩之上设桥架，桥架之上再铺装桥面，承接桥屋。桥架传统结构为木结构，主要有简支木梁式和伸臂梁式两种。程阳八寨的坳屎桥、美烧桥和频安桥桥架属于简支木梁式，永济桥、合龙桥、普济桥的桥架为伸臂梁式。简支木梁结构，其木梁双层，层间置连枋拉结。伸臂梁式桥架的特点则是由桥基座逐层向外悬挑大梁，由此缩短桥中梁跨度。悬挑梁及中梁一般皆两层，之间设连枋。为保护木质桥架、桥面，避免其被日晒雨淋，也为了方便往来行人歇息，故上设桥廊；又因置像设龛，彰显其为出入口。此空间形态与桥廊相区分，如果加以突出，则形成桥亭。桥廊、桥亭是风雨桥最重要的特征要素（图3-24）。

(a)桥架（普济桥）

(b)桥墩与桥架（普济桥）

图3-24　风雨桥的构成（乔迅翔摄影）

五、禾仓与禾晾架

1. 禾仓

禾仓是侗族群众专门用于存放稻谷的场所。

粮食的贮存，与粮食的生产一样，是侗族人民日常生活中的重要事项之一。因此，在侗族村寨中，禾仓的地位几乎与住宅同样重要。理解了这一点，就不难理解为什么侗族的禾仓大多采用干栏式建筑的形式以及与住宅几乎相同的处理方式。其实，赋予禾仓特殊的关注，在许多民族中都普遍存在。侗族的这种独立建造的干栏式禾仓，不仅在南方地区较为常见，而且在东北的吉林省、黑龙江省等也可见到。

侗族的干栏式禾仓还有一个突出的特点，那就是没有固定的楼梯。人们要到禾仓存取粮食的时候，通常都是用上面砍有若干凹槽的大木板或树干来作为临时楼梯（图3-25）。这固然有防鼠的考虑，但也有防止外人随意上下禾仓的意图。由于民风淳朴，这里的许多禾仓是从不上锁的。

图3-25 侗族禾仓的临时楼梯（杨昌鸣摄影）

对于禾仓来说，最要紧的莫过于防范火灾，而在消防条件欠缺的情况下，远离日常生活用火频繁的住宅，是最为简单而有效的方式。这也是侗族禾仓大多数都独立于住宅之外单独建造的一个主要原因。

从使用和管理的角度来看，禾仓最理想的位置应该是在距离主人家50米左右。但是，由于侗寨中的民居布局紧凑，要把各自的禾仓都布置在住宅附近并不现实。

在不少侗族村寨中，我们看得到这样的场景：十几座或几十座干栏式禾仓成排地设置在一起，形成一个庞大的禾仓群（图3-26），独立于村寨之外。

图3-26　地扪村禾仓群（杨昌鸣摄影）

当然，禾仓群也不一定布置在村寨的外围，有时也可布置在村寨的中心，或是村寨的某个角落。但在这些地点，都必须采取有效的防火措施。

有水的地方自然是禾仓的首选位置。在水塘的上方建造禾仓，不仅便于防火，而且可以充分利用水塘上部的空间，可谓一举两得。即便是那些散布在寨内的禾仓，也大多是位于潺潺的小溪畔，或是架在平静的水塘上，其用心之良苦，也无非是为了最大限度地保障禾仓的安全。

此外，独立建造的禾仓，尤其是建在水面上的禾仓（图3-27），还可以有效减少鼠害。

在缺乏水源的地区，远离住宅集中建造禾仓更有必要。在这种场合，大多会选择不宜耕种的区域，以免浪费宝贵的耕地资源。干栏式禾仓的结构优势在各种复杂地形条件中都能得到充分的发挥，集聚布置在山沟中的巨洞寨禾仓群（图3-28）就是一个典型实例。

图3-27　建造在水面上的禾仓（杨昌鸣摄影）

图3-28　贵州巨洞寨禾仓群（杨昌鸣摄影）

这种布局方式的优点是，可以最大限度地减少日常生活用火对禾仓的威胁，即使是村寨不幸发生火灾时，也不致迅速蔓延至禾仓群，从而保障人们在火灾之后不会再受到粮食短缺的打击。

2. 禾晾架

除了禾仓之外，在侗族聚居区还有一种简易的晾晒糯稻的专用装置，这就是“禾晾架”（图3-29）。

图3-29　禾晾架（杨昌鸣摄影）

禾晾架实际上是用一根劈为两半的圆木作为立柱，柱高6.67～10米。在两根立柱上的对称位置，从上到下凿有若干孔眼，其间距为一尺左右，再将杉木棍穿插在孔眼中，就可以用来晾晒糯稻了。

之所以要使用禾晾架，是因为侗族的糯稻需要连杆收割并晾晒阴干之后才能入仓。换句话说，禾晾架是糯稻进入禾仓的第一关。因此,为减少运输的距离,禾晾架与禾仓之间的距离通常不会太远。

在大多数侗寨中,都可以看到一些禾晾架架设在水塘上方或溪流两侧。例如在占里侗寨,沿着占里河两岸,密集排布着若干禾晾架,而在河岸靠村的一侧,更有大量的禾仓群排布在禾晾架后面,构成了一幅幅壮观的画面(图3-30)。

图3-30　贵州黎平县占里村沿河布置的禾晾架（杨昌鸣摄影）

禾晾架还可以与禾仓结合在一起,形成一种复合禾仓(图3-31),也就是将禾仓的周边部分设计成禾晾架的形式,将稻谷的晾晒、存放等几道工序安排在同一座建筑中来完成,有利于减少往返运输所造成的浪费。

图3-31　与禾仓相结合的禾晾架(杨昌鸣摄影)

如果用若干禾晾架将禾仓的仓体取而代之,则会形成另一种类型的贮藏建筑——晾晒棚(图3-32)。晾晒棚其实是加了屋顶的禾晾架,属于禾晾架与禾仓之间的一种过渡形式,特别适宜于对数量较多的糯稻做干燥处理。

图3-32　有屋顶的禾晾架——晾晒棚(杨昌鸣摄影)

六、寨门

侗族的村寨一般不设寨墙，村寨的领域主要依靠寨门的暗示作用在人们的观感上加以限定，村寨的内与外之间并无实际上的束缚或阻隔，只能以寨门作为判别标准。也就是说寨门是整个村寨中最为重要的限定元素。这一点在侗族的建寨活动中就有充分表现：只要设立了寨门，就算是确定了整个村寨的范围。

寨门的这种重要作用又使其被赋予了宗教性意义。人们相信鬼灵会给村寨带来灾难，因而必须把它们阻挠在村寨外面，寨门于是又承担了“拦鬼”或者说保佑村寨平安的重任。

某些侗族村寨至今还保存着这样一种习俗，就是在春节前三天晚上，由寨老们率领全寨男青年绕村寨边界周游三圈，目的之一就是要使年轻人不要忘记村寨的界限。

在侗族村寨中，寨门的形式很多，大体上可分为两类：一类是多层干栏式，其底层架空供人进出，上层可供登高眺望，这种类型的寨门常常与戏台等合并设置；另一类是单层门阙式，其形式受汉族影响较大，通常独立设置。

在外观造型和装修方面，有的寨门富丽堂皇，有的寨门简朴大方，各有特点。一般来说，位于主要入口处的主寨门在造型上都比较考究。例如，贵州从江县高增寨的寨门（图3-33），在造型上汲取了鼓楼和风雨桥的建筑语汇，经过巧妙的组合变形，以变化丰富的轮廓线构成了独特的寨门形象，成为高增寨的象征之一。

至于那些在次要入口处的寨门，在处理上就要简单得多，有时甚至仅具象征意义而已。

在地形有较大高差变化的场地，寨门也经常肩负着空间过渡的使

图3-33　贵州从江县高增寨寨门(杨昌鸣摄影)

命。当场地高差较大时,人们可以巧妙地将寨门与戏台糅为一体,利用干栏式建筑易于适应地形高差变化的优点,把寨门布置在坡坎的边缘位置,并在建筑底层架空部位设置一串台阶进行引导,使村寨内外之间的高差变化在进出寨门的过程中得以化解,颇具匠心(图3-34)。

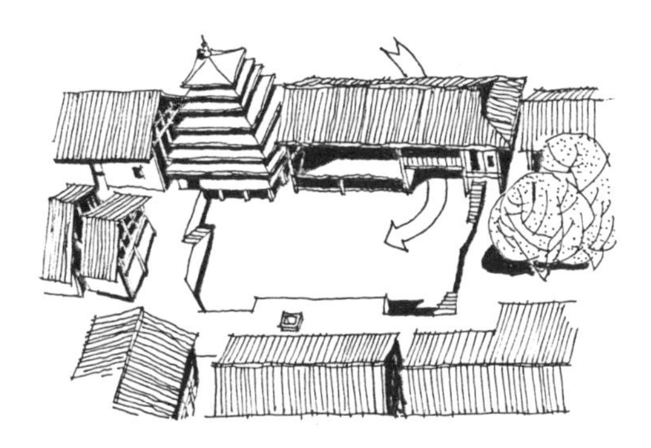
图3-34　广西大田寨寨门与入口广场鸟瞰图(段进绘图)

寨门也是组织村寨空间序列的一个重要元素,它可以明确地引导空间、标志空间性质的转换等。当人们从一条蜿蜒的石板小路走来,位于一个转弯处的寨门常常会给人以意外的惊喜。这座朴实无华的寨门(图3-35),既宣告了曲折的引导空间序列的结束,也以明确的视觉信息提醒人们注意即将到来的空间在性质上

图3-35　贵州锦屏县者蒙村朴实无华的寨门(杨昌鸣摄影)

将会有全新的转换。

有的侗寨的寨门还附设有坐凳供来往行人休息，这种充满关怀的设置，对于外来的客人来说，无异于主人热情迎候的无言表达；对于本寨的村民来说，也不失为互相沟通、互相交流的休闲场所。这类寨门的形式也逐渐向可供休憩的凉亭过渡（图3-36）。

侗寨的寨门还可以承担一些精神寄托的功能，有些村寨的寨门上就特意设有神龛供来往村民祭拜（图3-37）。

随着社会日趋太平，侗寨的寨门逐渐失去原先的防卫作用。现在新建的寨门多作为村寨的门户，体量比以前加大了很多。有重要客人来访时，村民会组织队伍到寨门迎候，这时寨门就成为一种仪式性场

（a）地扪村芒寨寨门

（b）地扪村母寨寨门

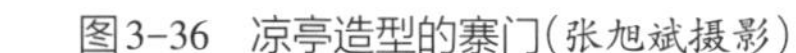

图3-36　凉亭造型的寨门（张旭斌摄影）

（a）述洞村寨门上的神龛

（b）地扪村寅寨寨门上的神龛

图3-37　设有神龛的寨门（张旭斌摄影）

所(图3-38)。

图3-38 在寨门前举行的迎宾仪式(杨昌鸣摄影)

七、戏台

侗戏是侗族村民喜爱的娱乐方式之一。随着社会与文化的发展,建筑的类型也会不断更新,侗族的戏台正是在这种背景下产生的。

虽然侗族聚居地区早在元代就已经出现了类似于曲艺的说唱艺术形式,但真正发展成较为成熟的"侗戏"则是在19世纪初期,而对其影响较大的主要有湘剧、彩调、桂剧及汉族的其他一些地方剧种。因此,侗族的戏台真正定型的时间也不会太早。不过,从目前我们所了解到的情况来看,戏台已经逐渐发展成为侗族村寨中的一个重要组成部分,几乎每一个寨子都有演侗戏的戏台。

每逢正月、农历六月六或其他重要节日,村寨就会邀请戏班在戏台上演侗戏,村里男女老少都会来此围观,热闹非凡。平常的日子里,戏台则作为村民们休闲聚会的场所(图3-39)。

图3-39 正在上演侗戏的戏台(杨昌鸣摄影)

由于侗戏的演员不多,场景也相对简单,因此对戏台的要求也不是太高。大多数侗戏的戏台平面都是矩形的,面阔依据场地大小从一间至三间不等。结构形式基本采用干栏式,底层架空(图3-40),也有将其封闭用来存放道具服装的做法;后期有的戏台改为单层,但一般会加高戏台的台基,以保障演出效果。二层为舞台,用板壁划分为前、后两个区域,前区为表演区域,后区为候场区域。

图3-40 侗族戏台的基本格局(杨昌鸣摄影)

戏台的屋顶以悬山式为主,也有部分歇山式的。采用重檐屋顶形式的戏台(图3-41)也有不少。

为满足群众观看表演的要求,侗戏的戏台通常有以下几种布局方式。

图3-41 采用重檐屋顶的地扪小学戏台(张旭斌摄影)

1.内院式

在戏台的两侧及对面布置单层或两层的建筑,围合成一个露天的院落,这就是内院式的戏台布局(图3-42)。这种布局的优点是既有露天的观赏区域,也

图3-42　登岑村内院式戏台(张旭斌摄影)

有半开敞的看戏空间,有利于声音的汇聚,人们看戏的效果较好。

据记载,黎平县高近村的侗族戏台(图3-43)始建于清代乾隆年间。整个戏台建筑群包括三部分:主戏台、厢房和看戏场。主戏台为四边形,边长为12米左右,干栏式结构,高度为6米左右,底层架空,至今保存完整;主戏台两侧布置有厢房,属于级别较高的观众席;主戏台及厢房围合成一个矩形内院,场地上的图案用鹅卵石镶嵌而成,具有很强的装饰效果。该戏台现为贵州省省级文物保护单位。

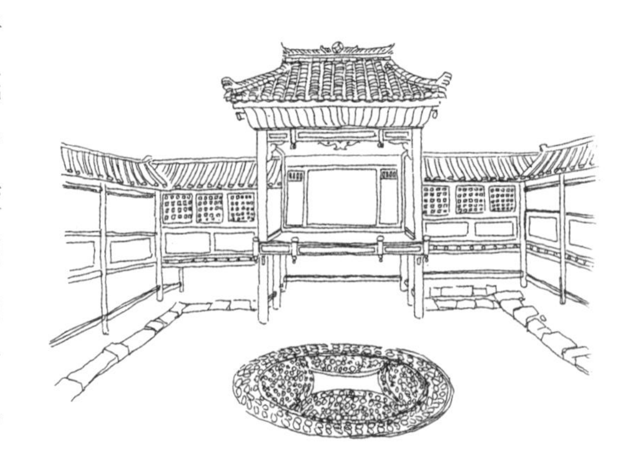

图3-43　高近村内院式戏台(金珏绘图)

(a)地扪村寅寨戏台

(b)地扪村母寨戏台

图3-44　开敞式戏台(张旭斌摄影)

图3-45　堂安侗寨戏台(刘秀丹摄影)

2.开敞式布局

为了充分利用场地,并满足举行大型节庆活动的需要,大多数戏台都采用开敞式布局,设置在鼓楼坪或花桥附近(图3-44)。

这种布局模式比较灵活,可以适应不同场地条件,也可以容纳更多的观众。尤其是当戏台、鼓楼、花桥这三种公共建筑共同围合成鼓楼坪时,观众从鼓楼内、花桥上以及鼓楼坪这几个不同的角度来观看演出,可以获得各不相同的视听享受。

开放式布局的戏台还可以充分利用多种因素来创造理想的观演效果。最典型的实例是堂安侗寨的戏台(图3-45),以一方形水池与鼓楼相隔,观众可以坐在鼓楼中观戏。由于水塘中的水具有反射声波的作用,可以增加声音的传播距离,同时也可使声音更加悦耳。

八、凉亭

凉亭（图3-46）也是侗族村寨中比较常见的一种建筑类型。根据它所处位置的不同，凉亭有寨内凉亭、路边凉亭及水井凉亭等几种形式。

寨内凉亭从某种意义上来说，具有与鼓楼十分相似的功能，只是不像鼓楼那样隆重和正规，但在使用上反而更加便利。

（a）登岑村的凉亭

（b）地扪村的凉亭

图3-46　侗寨中的凉亭（张旭斌摄影）

贵州锦屏县者蒙村凉亭（图3-47），建在寨内比较显要的位置，尽管它体量不大，结构与用材也很一般，但却以其有别于普通住宅的外观形象，成了全寨的视觉中心。凉亭位于一陡坡旁，采用了干栏式建筑形式，底层架空，三面设有坐凳，中心处置有火塘，

图3-47　者蒙村的凉亭（杨昌鸣摄影）

令人如同身在鼓楼中。

热情好客的侗族人民经常在交通要道上建造凉亭，以利过往行人小憩（图3–48）。这类路边凉亭也大多设有火塘，并备有柴火及饮水。在这里，夏天可以饮水纳凉，冬天可以烤火取暖。若非有对长途跋涉之艰辛的切身体验，绝难领会蕴藏于其中的深深情意。

建造在村寨入口处的凉亭（图3–49），则在一定程度上承载了寨门的任务，成为迎来送往的一个绝佳场所。建筑造型也有模仿鼓楼的趋势，只是体量和华丽程度还难以与鼓楼相媲美。

（a）登岑村山路上的凉亭　　（b）地扪村山路上的凉亭

图3–48　侗乡山路上的凉亭（张旭斌摄影）

（a）登岑村村口的凉亭　　（b）地扪村村口的凉亭

图3–49　侗寨入口处的凉亭（张旭斌摄影）

为保护水源的洁净并免除冒雨取水的烦恼，在水井上建亭盖屋的做法在其他民族中也很常见，但侗族的水井凉亭（图3-50）却更具有一种自然淳朴的韵味。

(a)地扪村井亭

(b)流芳村井亭

图3-50　侗乡水井凉亭（张旭斌摄影）

在黎平县小寨头村，有一座十分地道的侗族水井凉亭（图3-51）。这座井亭实际上是由一座凉亭与一座干栏式廊庑组合而成的。它以建筑的形式，将日常的取水、运水及其等候、休息的过程浓缩在一个看似有限、却又无限的空间中，令人深切地感受到侗族人对家居生活的真正理解和善待他人的朴素心态。

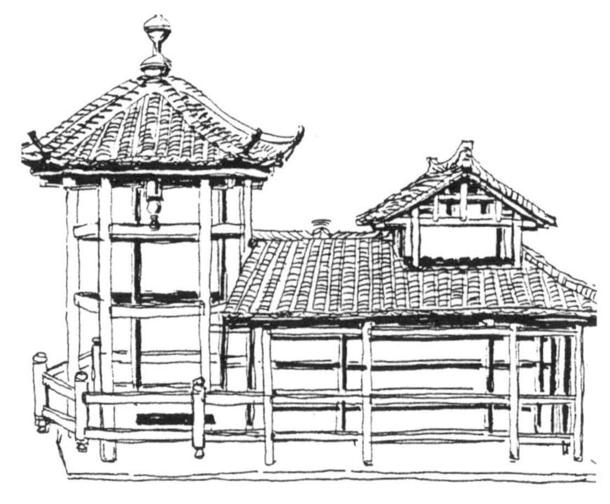
图3-51　贵州黎平县小寨头村井亭（金珏绘图）

九、其他建筑

侗族传统建筑的类型丰富，除了上述类型以外，还有牛棚、猪圈、秧棚和旱厕这些涉及农业生产的小型建筑。

牛棚和猪圈作为饲养家畜的地方，多与住宅分开。牛棚（图3-52）一般建在农田边上，除了用于养牛外，也会放一些农具或其他农业用品。猪圈（图3-53）多建在住宅旁边，有时考虑到对居住环境的影响，也会建在离住宅稍远一点的地方。

图3-52　牛棚（张旭斌摄影）

图3-53　猪圈（张旭斌摄影）

相对于牛棚和猪圈，秧棚（图3-54）和旱厕（图3-55）是现在比较少见的建筑类型。秧棚是临时建筑，多在清明前后育秧时搭建，完成育秧之后就拆除。旱厕用来收集农家肥，但随着人们生活水平的提高，旱厕已逐渐被独立卫生间所取代。

图3-54　秧棚（张旭斌摄影）

图3-55　旱厕（张旭斌摄影）

第二节
建造者和设计者
——木匠与掌墨师

尽管侗族传统民居的建造过程通常都是多人共同完成的，其中有主人家的亲朋好友，也有寨中邻居，但负责技术工作的还是具有木工手艺的匠人，也就是通常所说的木匠。

侗族的木匠大体上分三个层次，也就是“半木匠”、木匠和掌墨师。

一、“半木匠”与木匠

所谓的“半木匠”，实际上是指侗寨中粗通木工技艺的人，他们并不是专职的木匠，而是在家族亲友的指导下，甚至无师自通，掌握了一些基本的木工技术，可以在建造活动中承担比较简单的辅助工作。侗族男子大多心灵手巧，所以“半木匠”人数众多，几乎各寨都有。

侗族人所说的“木匠”，侗语为“厢”，是指具有木工特长并以此为职业的匠人。木匠数量较多，他们也是专职从事侗族民居建造活动的主力军。侗族民居建造的主要工序，无论是开凿卯口，还是制作构件，都离不开这些心灵手巧的木匠。

然而，在这众多的木匠中，真正能够称得上“设计者”或“设计师”的，则是木匠中的翘楚——“掌墨师”（也可简称“墨师”）。

二、掌墨师

侗族的掌墨师也是从木匠中成长起来的，可谓百里挑一。掌墨师，从字面上来解释，就是“掌管墨斗的师傅”，他不仅要具有娴熟的木工技艺，更要有精密的测算能力和超凡的艺术想象力。任何一幢侗族传统木构建筑的大体构架，都要根据实际地势地形来确定，无论是壮观的鼓楼，还是华丽的花桥，都不是预先在图纸上画就的，而是在掌墨师的脑海中生成的。

只有能够完全独立设计并指挥建造整幢建筑的侗族木匠，才能被称为掌墨师。掌墨师既是建筑的设计者，也是指挥众多木匠进行各个工序施工作业的总指挥。掌墨师就是建造侗族建筑的核心人物，掌墨师水平的高低，会直观地反映在他所设计和建造起来的建筑的外观形象上。只有凭借成功的作品，掌墨师才能拥有相应的地位，并不断获得新的机会去创造更多的业绩。

也正是因为掌墨师在建造活动中具有如此重要的地位，所以在比较重要的侗族木构建筑中，人们通常会在建筑的大梁上用毛笔写上掌墨师的姓名，这既是对掌墨师的尊重，也是掌墨师要对建筑终身负责的一种表示。遗憾的是，由于年代久远且保存不善，现在能够看到的这种题名已经不多了。

除了必须具备高超的设计和施工组织技能之外，掌墨师还必须熟知与建造相关的各种仪式。在侗族木构建筑建造程序的全过程中，几乎每一个环节都有相应的仪式，而这些仪式通常都会由掌墨师来主持。因此掌墨师不仅要掌握侗款里面的各种规定和习俗，还要有选择吉日和吉时的能力。

掌墨师还需要熟练掌握从上一任掌墨师那里代代相传的“咒语”。在选址、砍梁、开墨、立柱、上梁、启用等一系列重要仪式中，掌墨师都要念诵这些“咒语”，以求为主人和建造者带来平安顺利的精神抚慰。

由于中国古代对于工匠的重视程度不高，所以在古代文献中对于侗族掌墨师的记载较少。据现有资料统计，比较著名的侗族掌墨师主要有以下几位：

主持建造程阳永济桥的掌墨师莫士祥，主持建造八江乡马胖鼓楼的掌墨师雷文兴，主持建造独峒镇岜团培龙桥的掌墨师石含章和吴金添（又名吴学信），主持建造黎平县坝寨乡青寨鼓楼的地坪村掌墨师马绍基，主持建造黎平县纪堂上寨鼓楼的掌墨师陆培福，主持建造肇兴侗寨礼团鼓楼的掌墨师陆文礼，主持建造肇兴侗寨仁团、义团、信团鼓楼以及已伦寨鼓楼的掌墨师陆继贤，主持建造登扛、令墨、平况等三座鼓楼的掌墨师陆补继华（在侗语里，“补”是父亲的意思，陆补继华也就

是陆继华的父亲)，主持建造肇兴侗寨智团鼓楼的掌墨师张根银，主持建造八协鼓楼的石银修，主持建造程阳桥的广西岩寨掌墨师杨善仁父子(图3-56)，主持建造独峒镇华练培风桥的掌墨师吴文魁和吴香隆，主持建造独峒镇高定独柱鼓楼的掌墨师吴仕康等。

掌墨师多系家族传承或师徒传承，因此不同地区的掌墨师有不同的风格，这也是侗族地区众多的鼓楼和风雨桥虽然总体形制相似，但是风采各异的主要原因。上述著名掌墨师的代表作品也直观地反映了这一现象。

(a)杨善仁墨师讲解小样制作

(b)杨似玉墨师画墨

图3-56　程阳掌墨师杨家匠(李哲摄影)

第三节
常用建筑材料

一、主要材料

在自然资源欠缺的地区，建筑工程应尽量做到就地取材，物尽其用。从侗族建筑的用材上就可以看出，木材、石材、桐油、白土、糯米以及猕猴桃藤这些当地的材料都被广泛地加以运用。

1.木材

侗族传统木构建筑常用的木材以杉木为主，通常选择树高4～12米、树径约33厘米、树龄大于30年的杉木作为建造材料。

杉木具有生长周期短、便于加工、不易开裂和变形等优点，同时还含有一种被称为“杉脑”的成分，有较强的防虫防腐作用，因而很早就成为我国木构建筑中常用的木材之一。

不同的建筑类别用材的尺寸差别很大。四五年树龄的杉树可做成檩条，十多年树龄的杉树可做成枋，20～30年树龄的杉树可做成柱子，50年左右树龄的杉树则可做成鼓楼的中柱。民居用材相对较小，柱径约15厘米。

杉树的利用率很高，同一株树干的不同段位，由于直径的不同可分别用作不同的建筑构件。一般下段可作柱、梁等，中段用作檩条，上段直径较小的则可用来制作椽条。杉树皮也可加以利用，早期常用来作为住宅的屋面材料，后期则用于不太重要的生产性小型建筑，如牛棚等。

木材经过干燥去皮的预处理后，就可以用于建造了。

2. 石材

石材多用于传统建筑的地基处理和花桥桥墩的砌筑，也用来作为柱子的垫脚，起防潮作用。

这里所说的石材既有经过加工的料石，也有随处可得的毛石，更为常用的则是河滩上的卵石。侗族工匠通常会根据不同的使用要求灵活运用不同的石材，以省工省时为取舍依据。

3. 青瓦

青瓦是侗族传统建筑屋顶装修的主要材料，青瓦的用量视建筑的屋顶面积而定，屋顶每平方米需用青瓦120片左右。一幢民居大概需用青瓦20 000片左右，一座亭子需要青瓦5 000片左右，花桥和鼓楼分别视长度和高度（层数）而定。青瓦的产地不一，以贵州黔东南茅贡镇地扪村为例，该地的青瓦大多来自湖南，也有一部分来自榕江县，本地也尝试做过青瓦，但是质量不佳。青瓦的厚度多为6毫米和1～2厘米。

二、辅助材料

1. 桐油

无论是木材还是竹材，经过桐油处理后其耐用性、防腐性和防虫性都会增强。

2.糯米和猕猴桃藤

侗族鼓楼屋檐上的装饰品主要是用这两种材料制作而成的,比如牛角、燕子等,这也是侗族特有的一种技艺。具体做法是:把猕猴桃藤捣碎后用水浸泡,再用这些水浸泡糯米,接着把浸泡过的糯米用锅蒸熟,然后放入白土,最后加入浸泡过猕猴桃藤和糯米的水,捏制牛角、小鸟等各种形状的物件,立于鼓楼屋面,用以装饰鼓楼。以这种工艺做成的装饰坚固性是有保证的。不过随着建筑工艺的发展,这些材料已逐渐被水泥所代替。

第四节 常用工具

一、加工工具

1.锯

框锯[图3-57(a)],是侗族木工经常使用的木作工具。这种锯条的结构设计十分巧妙,锯条和绳分别在各自一侧,其中绳框缠绕在一

（a）框锯

（b）手锯

图3-57　锯子的样式（张旭斌摄影）

侧时用竹别子来固定，这样可以通过调节竹别子来改变锯条的松紧度。根据使用对象的区别，框锯被设计成大型、小型两种。大型框锯主要用于对大木料的横向上的解离和纵向上的断料；而小型框锯主要的使用对象为小木料，用来断料和制榫。此外，还有裁截小方料的手锯［图3-57（b）］等。

2. 推刨

推刨，也是现代侗族木工刨木料最为常用的工具，它有带方口且刀刃倾斜插入木质的台座，又被称为平推刨或台刨。为了方便木工推拉等操作，推刨还设计有手柄。推刨主要用来磨光木面、加工细木板等。

图3-58　推刨的组成部分（张旭斌摄影）

推刨主要用于木材表面的加工，由刨刀、垫片、盖片、握柄和刨身组成（图3-58）。因用途不同，推刨也有多种形式，可分为平刨（长刨、中长刨、短刨）、圆刨、边刨和槽刨等（图3-59）。

图3-59　不同形式的推刨（张旭斌摄影）

平刨用于枋等表面平整构件的加工，圆刨主要用于柱子表面的加工，槽刨和边刨用于房屋室内装

(a)平刨底部

(b)槽刨底部

(c)圆刨底部侧面

(d)边刨底部

图3-60　推刨的样式(张旭斌摄影)

修材料的加工(图3-60)。

3.凿

凿同样是一种常用的木工工具。凿(图3-61)一般被做成尖状,主要用来穿、剔、挖槽、打孔等。在侗族地区,凿主要用于木构件的开榫和边缘铲削等工作,通常和斧头配合起来使用。凿在榫卯的制作过程中发挥着重要的作用,要经常保持锋利,使用后需要用磨刀石重新打磨。

图3-61　各种尺寸的凿(张旭斌摄影)

图3-62　斧头(张旭斌摄影)

(a)铁锤

(b)木锤

图3-63　锤的样式(张旭斌摄影)

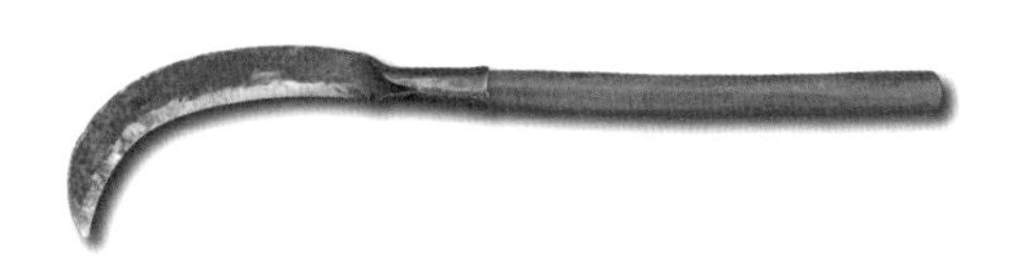

图3-64　弯刀(张旭斌摄影)

图3-65　抓钩(张旭斌摄影)

4. 斧头

斧头(图3-62)也是常用的工具,在柱子加工时用于砍除原木表面的树皮,制作枋时用于砍除墨线以外的木材。斧头通常也和凿配合使用,用于柱身卯眼的开凿。

5. 锤

锤分为铁锤和木锤两种(图3-63),铁锤使用比较少,木锤使用比较普遍。房屋立架时,需要用木锤敲打柱子、枋和木钉,使屋架结构稳固。

6. 钻

钻主要用于木材的钻孔,与其他民族所使用的钻差别不大。

7. 弯刀

弯刀(图3-64)用于制作檩条时去掉原木表面的树皮。

8. 抓钩

用锯台加工原木时,抓钩(图3-65)用于抓取原木,避免手受伤。

二、辅助工具

1.墨斗

墨斗主要用于木材标记,起定位作用,提高后续加工的精度。墨斗包含墨仓、线轮、墨线和线锥四个部分。线轮的工作原理为用手转动一个连接墨线的滑轮,从而调节墨线的伸缩长度。墨仓为圆形斗状的凹形容器,里面装有棉纱,通过墨汁的浸润给线着色,以便在木材上画线定位。线锥由钉子和便于手握的羊角、木头或金属制成,系于墨线尾端,可用于墨线末端的固定,也可充当重锤绘制垂线,或检验木料加工时摆放是否平整(图3-66)。

墨斗又分手持式墨斗和佩戴式墨斗两种(图3-67)。

(a)线锥充当重锤

(b)用线锥检验木料加工时摆放是否平整

图3-66　线锥的用途(张旭斌摄影)

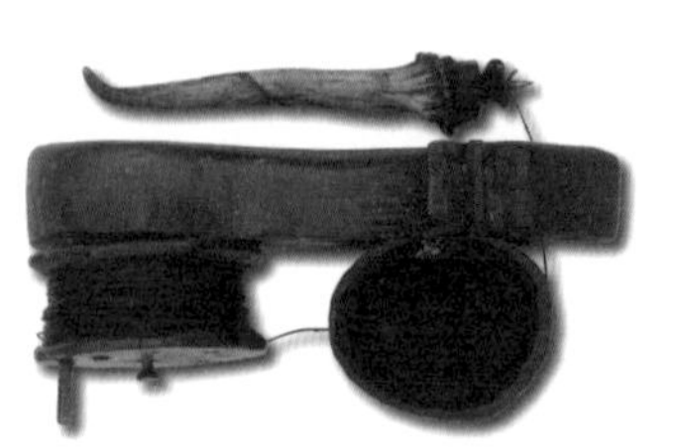
(a)手持式墨斗

(b)佩戴式墨斗

图3-67　墨斗的样式(张旭斌摄影)

手持式墨斗通常由质地较硬的木头制作而成，用于长木料表面的墨线绘制，也称弹线。以柱身为例，弹线时掌墨师将线锥固定于柱子底部，引出一段线使其贴紧柱子边缘，持墨斗放线行至柱子另一端，使墨线贴紧柱子另一端的边缘后提线，确保提线点与墨线两端在同一直线后放线，就可在柱身上面弹出开榫所用的墨线（图3-68）。

（a）固定线锥

（b）弹线

图3-68　用墨斗弹线（张旭斌摄影）

佩戴式墨斗通常由牛角制成，只有墨仓，上端有一根可戴于手腕的细绳或橡皮筋，一般与竹笔（图3-69）、弯尺、杖杆和木签等配合使用。

图3-69　竹笔（张旭斌摄影）

2. 曲尺（角尺）

侗族木工测量时通常使用的是“L”形的尺子，也叫曲尺或角尺。唐代时已经出现曲尺的使用，明代《鲁班经》中则详尽记载了曲尺的使用方法，与现代的侗族木工使用方法完全一样。

曲尺被设计为“L”形，可以非常方便地画直角以及检查直角精确度，另外还可用于测量标画等。曲尺分为两个部分，一个部分为有刻度、厚度大、长度短的尺柄，长度大约为1尺；另一个部分为无刻度、厚度薄、长度长的尺翼，长度为2尺左右。

此外，还有一种经常用的尺叫鲁班尺，这种尺长度大约为1.5尺，被平均分割成长度为1.8寸的8个格子，每个格子都代表着吉凶，格子里面分别刻有财、病、官、劫、离、义、害、吉等文字。因此，鲁班尺也被称为“八字尺”。侗族建造房屋需要裁定大门的长度时，是一定要用八字尺来测量的，以此来避凶求吉。此外，房屋的大型结构尺寸通常也以“八”或“六”作尾数。所以侗族传统木构建筑的高度基本为1丈6尺8寸或者1丈8尺8寸。当然，也有少数建筑不遵循这类标准。侗族建筑进深方向上的长度则基本为2丈8尺8寸，或者3丈1尺8寸、3丈7尺8寸。侗族建筑的窗格、楼梯等尺寸通常以“六”结尾。这种以“六”或“八”结尾以求吉利的习俗，与鲁班尺有着密切联系。

角尺有长、短两边，长边薄，没有刻度，短边厚，上面有木匠自己刻的刻度。角尺多用于在方料上绘制制作枋所用的墨线，也可用于绘制杖杆或检验刨削后的木构件表面是否平整（图3–70）。

3.弯尺

与角尺稍有不同，弯尺有长边和短边，长边为直边，有刻度；短边有一侧为直边，另一侧轮廓为弧形。

弯尺多用于绘制柱身上枋的位置，使用时先用长边对齐柱子上的中墨线，短边弧形一侧靠在柱子上画出枋上下两侧的辅助线［图3–71（a）］，再以中墨线为中点，用长边上的尺子分别在两条辅助线上定两点，以确定枋上下两侧的厚度［图3–71（b）］，最后用短边上的直边把上下对应的两点用竹笔连成线，枋在柱身上的位置和外轮廓就确定了［图3–71（c）］。

柱身上枋的卯口凿完之后，弯尺还可辅助完成木签上枋的内外侧高度和厚度的标记［图3–71（d）］。

(a)用短边绘制墨线

(b)用长边绘制墨线

(c)用长边绘制杖杆

(d)用长边检验木构件表面是否平整

图3-70　角尺的用途(张旭斌摄影)

(a)绘制枋上下两侧的辅助线

(b)确定枋上下两侧的厚度

(c)确定枋的轮廓

(d)用弯尺配合竹笔绘制木签标记

图3-71　弯尺的用途(张旭斌摄影)

4. 杖杆

在实际建造房屋时，由于备料、地形限制以及建造技术等多种因素的影响，人们对建筑物的寸白要求很难得到完全满足。因此，完全按九曲尺中的寸白要求来建造房屋的操作性并不强。在长期的实践过程中，侗族木工发明了操作性较强的工具——杖杆（也称“香杆”）。杖杆上面标有特殊的木工符号，房屋的实际尺寸被集中在杖杆这个载体之上。通过杖杆的标定，木工们就可以设计出力学比例恰当、架构合理的房屋，并且人们注重的寸白也能基本吻合。因此，要建造一幢房屋，首先要标刻一根杖杆（图3–72）。侗族木工能否刻画并利用杖杆是其能否完美建造房屋的必要条件之一。

杖杆通常都由掌墨师现场制作，用于制作柱子和枋等较长的构件。杖杆选用的材料一般为质地较轻的杉木，长度视构件的长度而定，有时制作长度8米左右的杖杆需要两根4米左右的木条接起来。

图3–72　绘制杖杆（张旭斌摄影）

掌墨师依据杖杆可以在柱子上绘制出相应构件的位置、高度和宽度（图3–73），再交由其他木匠进行加工，凿出柱身的卯眼（图3–74）。木料加工完成后杖杆会被收起，下次使用时可用手刨将之前绘制的墨线刨除后再重新绘制。

图3–73　用杖杆在柱身绘制墨线（张旭斌摄影）

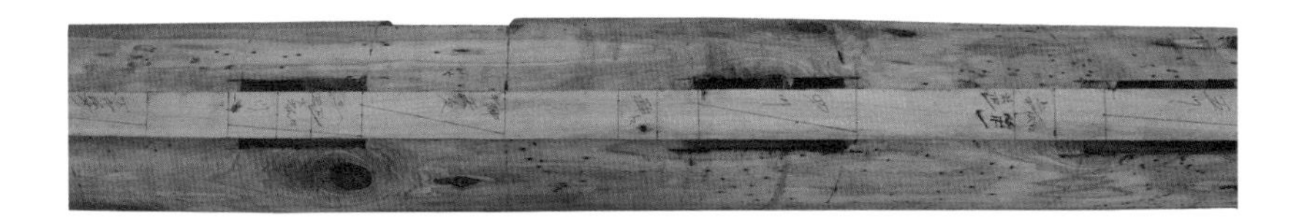

图3-74　杖杆上的构件名称及其在柱子上对应的位置(张旭斌摄影)

5. 木签

木签主要是用于制作枋。

掌墨师有一句很形象的话,即一根木签代表一根柱子(木签上写有柱子的名称),木签上的每个面分别写有穿过这根柱子的枋的名称和对应的数据。这些数据有背墨、面墨、中墨、里侧厚度、外侧厚度、里侧高度和外侧高度,表示这根枋和柱子交界处的宽度、厚度和高度。

木签所代表柱子的名称一般写在一个面的中间,枋的名字写在木签的上下两端。木签一般是方形的,有4个面,分上下两端后可记录8根枋的数据。如果木签对应那根柱子上的枋数量太多,就采取一个面记录两根枋的办法,以便柱子上所有的枋都可以记录在木签上。

如果有些柱子上的枋比较少(如瓜柱或吊柱),则可把两根或两根以上柱子上枋的数据记录在一根木签上。

掌墨师会在每根柱子完成开孔后绘制木签,木签绘制完毕后会被归类好,用于后期枋的制作(图3-75、图3-76)。

图3-75　绘制木签(张旭斌摄影)

图3-76　某幢侗族民居的所有木签(张旭斌摄影)

6.木马

木马(图3-77)是使用频率很高的一种辅助工具,每个木工师傅都配有一对木马,用于固定木料使其处于便于加工的高度。制作木马时,取两根1米左右的木料,分别在其中上部相同的位置打孔,两根木料以孔为交叉点呈"X"状,再用一根稍细些的木料插入交叉点固定即可。这种木马在现代侗族地区非常普遍,是侗族木工架木的最主要方法,与明代《鲁班经》中所描绘的架木法基本相同。

图3-77 木马(张旭斌摄影)

木匠一般会在木马上写上自己的姓名和制作时间,便于与其他木匠的木马区分开来。

7.木枕

木枕也是一种辅助工具,和木马的作用相似,也是成对使用,用于固定较短的瓜柱,便于加工处理(图3-78)。木枕由短的原木制成,将一根四五十厘米长的原木劈成两半,再在半圆木中心挖出固定柱子的槽位。

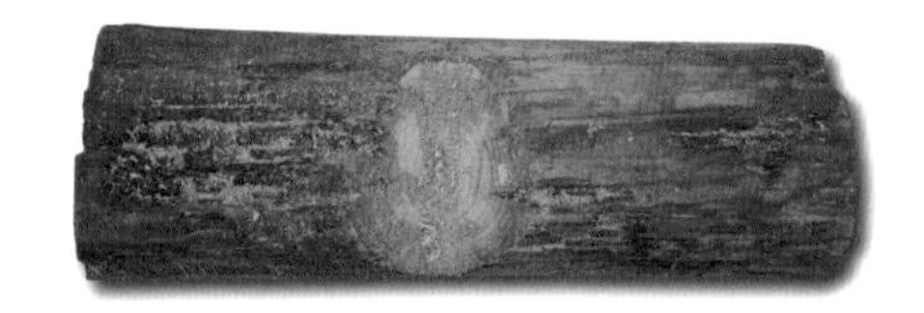

(a)木枕

(b)用木枕固定瓜柱

图3-78 木枕及其用途(张旭斌摄影)

第四章 侗族传统民居营造技艺

第一节 民居的平面与构架

一、传统民居

民居是侗族村落中数量最多的建筑,其中又以干栏式建筑为主。

侗族民居的形制比较灵活,以三开间居多。如果用地比较紧张,则采用两开间或是单开间的形制。如果屋主家里人口较多,需要的居住面积比较大且宅地面积充足时,则可以把房子建成四开间甚至是五开间(图4-1)。

二、构件名称

侗族民居屋架由垂直构件和水平构件组成,垂直构件主要起承重作用,水平构件起承重作用和结构之间的联结作用。垂直构件主要为柱子,水平构件有排枋、过杆枋和檩条。

(a)单开间民居

(b)两开间民居

(c)三开间民居

(d)四开间民居

(e)五开间民居

图4-1　侗族民居分类(张旭斌摄影)

柱子可分为中柱、金柱、檐柱、吊柱和瓜柱等[图4-2(a)]。排枋从下到上为地脚枋、下千金枋、上千金枋、下瓜枋、下中瓜枋、一穿枋、二穿枋和三穿枋,过杆枋从下到上为地欠枋、下欠枋、上欠枋、天欠枋和上天欠枋[图4-2(b)]。

(a)柱子的名称

(b)枋的名称

图4-2　侗族民居木屋架结构名称(张旭斌摄影)

侗族民居的尺寸也尽求吉利，比如屋高常为1丈7尺8寸、1丈8尺8寸、2丈8尺……房屋的进深为2丈8尺8寸、3丈1尺8寸、3丈7尺8寸……楼梯、窗格等的修造尺寸则取六。侗族俗语中有“屋高逢八，万载通达”“进深逢八，家发人发”“楼梯逢六，挑谷上楼”“窗格逢六，隔断鬼路”等说法，这些都将人们趋利避害的信仰融入具体的建造活动的全过程中。

第二节
民居的营造工序

一、前期准备

1. 资金筹措

资金筹措是建房的首要条件。资金充足与否，不但决定着房屋的规模，也决定着建造的周期。按照2017年的数据，如果要建造一幢两层的三开间侗族民居，建安造价（材料费和人工费）为5万元人民币左右，而装修的材料费和人工费也需要七八万元。

干栏式建筑可以分期建造。很多人家都是先把主体结构完成，再根据资金到位的情况陆续进行装修。因此，一幢房屋的建造可能会延续很长的一段时间才能彻底告竣。

2.基址选择

侗族人相信房子选址关系到子孙后代的繁荣昌盛,因此对于建房的位置特别重视。有些村民会选择拆掉老屋,在原址上建新房子;有的则另辟新址,这时通常需要聘请风水先生相地。

3.材料准备

建造前需要先准备材料,如果有现成的材料,则可直接利用;如果没有,则需要上山伐木取料。

杉树生长在山上或山脚,山上的杉树砍伐后可以通过滑道滑入河道,再顺河道漂流而下;山脚的杉树砍伐后需要通过机械设备拉到地面上,再运到其他地方集中堆放。

伐木最好的时间是夏天,因为那时杉树的水分比较多,去皮较容易。夏天光照充足,也有利于杉木晾干。

4.聘请墨师

屋主会找村里面比较有名望的掌墨师来商量建房事宜,再由掌墨师挑选合作默契的木工师傅一起协助。屋架制作一般需要包括掌墨师在内的5名以上的木匠完成。房屋装修需要另外请师傅,根据时间需求,人数一至三人不等。

二、地基处理

由于干栏式建筑的结构特点,相对来说,对于地基的要求并不太高。在平地建房时,只需将地面夯实,在有落地柱的地方铺上青石板

即可。如果地基位于坡地，则需要整理土方，再在基台前端用青石堆砌，防止滑坡（图4-3）。

图4-3　坡地地基处理（张旭斌摄影）

三、构件制作

1.制作草图和杖杆

掌墨师统筹整个施工过程，他要对工程所需材料的数量和尺寸非常熟悉。构件制作之前掌墨师将绘制一张工程所需的简易草图，一般包含一个简单的平面图和屋架剖面图，上面标有构件的尺寸和数量[图4-4(a)]；然后将草图画在一张木板上面[图4-4(b)]。草图画完

(a)掌墨师绘制草图

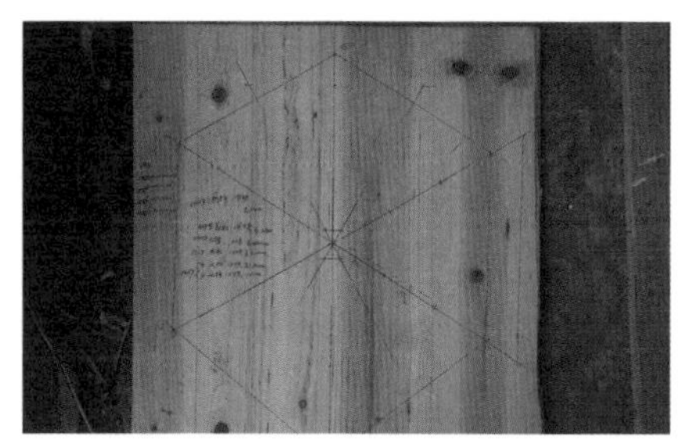

(b)绘制在木板上的草图

图4-4　绘制草图（张旭斌摄影）

之后，先确定有多少根柱子，然后让其他木匠处理好相应数量的原木，待画柱身墨线的时候使用。

制作草图的同时，掌墨师还要制作杖杆，杖杆上带有刻度，用于柱身上的墨线绘制。

2.制作柱子

侗族传统木构建筑最早开始制作的构件是柱子，柱子分为主承重柱和次承重柱。主承重柱包括中柱、金柱、檐柱、顶柱等，次承重柱包括吊柱和各类瓜柱。

制作柱子时加工原木材料的第一道工序是去掉树皮（图4-5）。去树皮用的工具是斧头。工匠先用木马架起木头，再用斧头从一侧向另一侧劈砍，在木马上转动木头，反复劈砍，直到把树皮处理干净。

去掉树皮后，还要去掉韧皮层（图4-6），让柱身表面呈现原木的色泽。去韧皮层的时候，工匠会用斧头先劈砍一遍，结合手刨再做进一步处理，使柱身呈现比较光滑的状态。

柱身处理完后，掌墨师会在上下截面和柱身上先绘制一轮墨线，这些墨线起到定位的作用，相当于第二轮墨线的辅助线。

绘制第一轮墨线时，掌墨师会先在截面上绘制出一根墨线，以截面上的这根墨线为基准，用墨斗在柱身上弹出一根连接上下截面的中

图4-5　去掉树皮（张旭斌摄影）

图4-6　去掉韧皮层（张旭斌摄影）

墨线。然后以这根中墨线与另一截面的交点为起点，在这个截面上再绘制一根墨线（图4-7）。这根墨线画好之后，掌墨师在木马上把柱子旋转180°，以之前在截面上绘制的这根墨线为基础，用墨斗在柱身上再弹出一条中墨线（图4-8）。反复几次，直至柱身上下截面的墨线和柱身的中墨线全部绘制完毕。

图4-7　柱子底部截面的墨线（张旭斌摄影）

图4-8　掌墨师在柱身弹出中墨线（张旭斌摄影）

第一轮柱身墨线绘制完毕后，掌墨师把之前绘制的带有刻度的杖杆放在柱身上，进行第二轮墨线的绘制。绘制时，杖杆边缘要与柱身上的中墨线对齐，再以杖杆上的刻度为对照，用竹笔在柱身上画出木钉的位置、枋的位置和分隔位置[图4-9(a)]。

枋的位置和分隔位置确定后，掌墨师会以中墨线上的分隔点为基点，用弯尺在柱身上绘制与中墨线垂直的弧线，定出枋的上下边缘，再画出木钉的位置。以中墨线为中线，用弯尺直边在枋上下边缘的辅助线上分别点出两点以确定枋的厚度，再分别连接枋上下边缘辅助线上的点，这样就可以在柱身上绘制出枋的截面轮廓[图4-9(b)、图4-9(c)]。

柱身墨线绘制完成后，掌墨师会用竹笔在柱身空白处写上柱子的名称[图4-9(d)]，再交给其他木匠开凿卯口。

以前开凿卯口是用凿配合斧头，现在为了提高工作效率，木匠们大多采用电钻在柱身上钻出木钉的孔（图4-10），再在枋的轮廓线内钻出一些孔，以便接下来用凿子进一步加工。

开凿卯口需要用到两种尺寸的凿子，配合斧头一起使用。先用窄的凿子把电钻钻过的地方修平整，然后用宽的凿子再处理一遍（图4-11），使柱身上穿枋的卯口内壁更加平滑，确保枋能正常穿过。

（a）掌墨师用杖杆在柱身绘制墨线

（b）用弯尺绘制柱身上枋的上下边缘

（c）用弯尺绘制柱身上枋的左右边缘

（d）写上柱子的名称

图4-9　绘制柱身墨线（张旭斌摄影）

图4-10　用电钻在柱身上钻孔（张旭斌摄影）

图4-11　用凿子在柱身上开孔（张旭斌摄影）

在柱子的加工过程中，掌墨师还要进行木签的绘制。一根木签代表一根柱子，木签的每个面标记有背墨、面墨、中墨、里侧厚度、外侧厚度、里侧高度和外侧高度(图 4-12)。

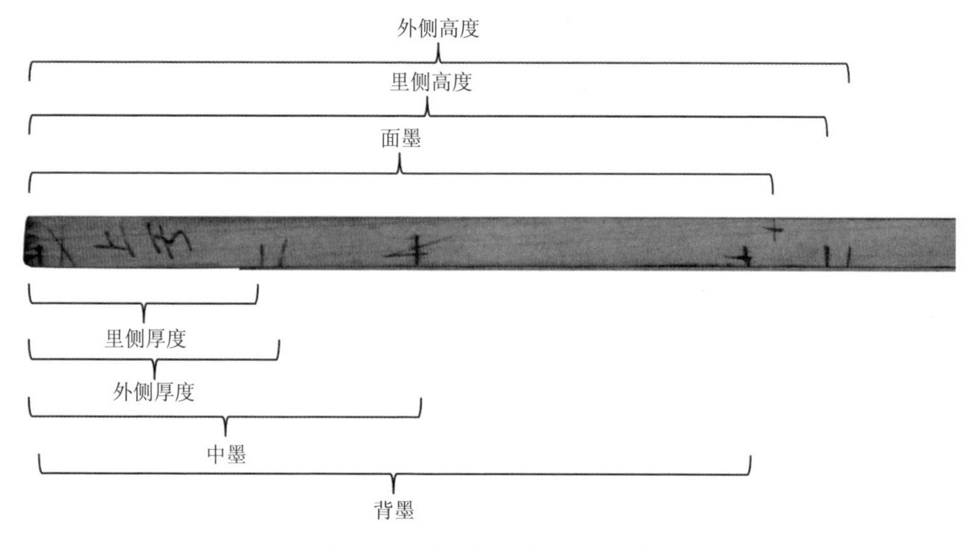

图4-12　木签标记说明(张旭斌制图)

绘制木签时，掌墨师会先用弯尺直边穿过柱身上的卯口，弯尺弧边顶住卯口外侧。木签伸入卯口后，顶部贴着弯尺的弧边，木签贴着卯口里侧下边缘画出背墨[图 4-13(a)]，再移到卯口里侧上边缘画出面墨[图 4-13(b)]；从卯口抽出木签后，使之与弯尺直边平行，顶部依旧贴着弯尺弧边，对着柱身中墨线画出木签上的中墨[图 4-13(c)]；翻转柱子，使柱身里侧卯口朝上，木签顶部顶住卯口右侧，在木签贴着卯口左侧处标出枋的里侧厚度[图 4-13(d)]；再用木签顶部顶住卯口下侧，在木签贴着卯口上侧处标出枋的里侧高度[图 4-13(e)]；以同样的方法标出枋的外侧厚度和外侧高度后，在木签上部空白处写上枋的名称[图 4-13(f)]，这样就完成了一根枋在卯口处的尺寸绘制。

一根柱子上往往有多个卯口，掌墨师将每个卯口的尺寸分别标记在木签表面后(一般是一个面标记一个卯口的尺寸，如果卯口太多，掌

(a)标记背墨　(b)标记面墨

(c)标记中墨　(d)标记枋厚

(e)标记枋高　(f)写上枋的名称

图4-13　绘制木签的步骤(张旭斌摄影)

墨师也会在一个面上标记两个卯口的尺寸),在木签中间空白处写上其对应柱子的名称,就完成了一根木签的墨线绘制。等到所有柱子对应的木签都绘制完毕后,掌墨师就可以用它们来进行枋的墨线绘制。

木签绘制完成后,木工师傅们会把柱子堆成一堆,以方便日后的运输(图4-14)。像瓜柱这类比较轻的柱子一个人就可以搬运,但像中柱、金柱和檐柱这些大柱子就需要4个人用扁担和绳索才能搬运(图4-15)。

图4-14　将柱子堆成堆(张旭斌摄影)

图4-15　搬运柱子(张旭斌摄影)

3.制作枋

图4-16　用锯台分解原木(张旭斌摄影)

柱子制作完毕后，木匠们开始准备枋的制作工作。负责解木的师傅先把原木解开(图4-16)，四周的边料用于椽皮的制作，中间平整的部分加工成木方，以备制作枋的时候使用(图4-17)。木方备好后木匠会用电刨先处理一下表面，使其更加平整光滑，便于下一步的加工。

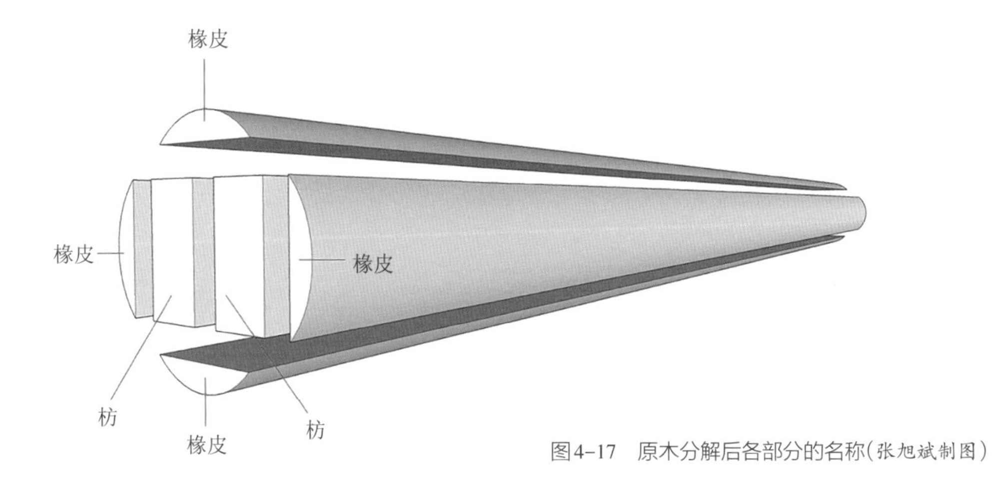

图4-17　原木分解后各部分的名称(张旭斌制图)

在画枋表面的墨线之前，掌墨师需要重新绘制杖杆，有时为了方便，直接把柱子杖杆上的墨线用推刨刨去后就可重新绘制（图4–18）。

图4–18 刨掉墨线重新绘制杖杆（张旭斌摄影）

杖杆上除了标有枋的长度以外，还标有枋穿过的柱子（中柱、金柱、檐柱和瓜柱）的中墨（图4–19）。

图4–19 绘制制作枋的杖杆（张旭斌摄影）

掌墨师把木方平放在木马上后，先进行第一轮墨线绘制，用杖杆确定枋的长度后［图4–20(a)］，再在木方表面标出对应柱子的中墨［图4–20(b)］。枋穿过柱子后需要用木钉固定，木钉的孔是在柱子的中墨上，枋上与柱子中墨对应的中墨上也需要画上钻孔的标记。

完成第一轮墨线的绘制后，掌墨师拿出木签，进行第二轮墨线的绘制。第二轮墨线绘制分为两部分，一部分是在端头的榫头墨线，另一部分是对应柱身卯口的墨线。

画榫头墨线时，掌墨师用木签上的中墨对应木方上的中墨后，画出枋所在这根柱子的直径、枋的高度和厚度［图4–20(c)、图4–20(d)、图4–20(e)］，画完之后会在木签端头做个记号［图4–20(f)］，表明此木签所对应枋的墨线已经画完（一般画个“×”表示）。完成上述步骤后，掌墨师会在枋上标明哪些地方需要锯掉（一般用一段波浪线表示），并写上枋的名称［图4–20(g)］。

卯口墨线的绘制与榫头墨线的绘制相似。掌墨师画出柱子的直

(a)用杖杆确定枋的长度

(b)在木方表面标出对应柱子的中墨

(c)标记枋所穿过柱子的直径

(d)标记枋的高度

(e)标记枋的厚度

(f)在用完的木签上做记号

(g)标上枋的名称

图4-20　绘制制作枋所需的墨线(张旭斌摄影)

径、枋高和枋厚之后，同样在木签端头做记号表明枋的墨线已画完，再写上枋的名称。

掌墨师将枋的墨线绘制完成后，其他木匠对枋进行最后的加工。

枋的加工步骤由粗到细：用电钻在枋上需要钉木钉的地方钻孔之后，木匠用斧头砍去枋表面多余的部分[图4-21(a)]，再用凿子对手刨无法加工的一些缝隙进行处理[图4-21(b)]。上述步骤完成后，再用手刨将枋表面刨平[图4-21(c)]。刨的时候师傅会用角尺检验枋表面是否平整[图4-21(d)]。

榫头的加工过程也是由粗到细。木匠先用锯把墨线上示意要去除的部分锯掉[图4-22(a)]，再用斧头配合凿对榫头的表面和一些缝隙进行加工[图4-22(b)、图4-22(c)、图4-22(d)]。画墨线时掌墨师

(a)用斧头砍去枋表面多余的部分

(b)用凿子对手刨无法加工的一些缝隙进行处理

(c)用手刨将枋表面刨平

(d)用角尺检验枋表面是否平整

图4-21　枋的粗加工步骤(张旭斌摄影)

(a)用锯把墨线上示意要去除的部分锯掉

(b)用斧头配合凿对榫头的表面进行加工

(c)用斧头配合凿对榫头的缝隙进行加工

(d)用斧头对榫头的表面进行加工

图4-22　枋的细加工步骤(张旭斌摄影)

会把枋的名称写在枋表面不需要砍除的地方,这样枋表面被处理完之后,枋的名称依旧在原处,不需要重写。

枋加工完成后,木匠会把它们集中堆在一个地方,便于以后的运输(图4-23)。

图4-23　把加工好的枋堆放整齐(张旭斌摄影)

4.其他木构件的制作

除了柱子和枋的制作以外，木匠还需制作檩条、椽皮和木钉（图4-24、图4-25）。木钉用于固定柱子和枋，使之更稳固。檩条、椽皮和瓦则构成建筑的屋顶结构，使建筑主体结构免受风雨侵蚀。

图4-24 制作檩条（张旭斌摄影）

图4-25 制作木钉（张旭斌摄影）

四、构架搭接和竖立

1.排扇

建筑构件运到基地后，挑一个好的日子就可以开始排扇和立架。排扇和立架会召集村里面的青壮年男子参加，需要十几个人甚至二十几个人在掌墨师的指导下完成。

排扇是将柱子通过枋串成一排，穿的过程中需要用木锤锤打，使枋穿到柱子上正确的位置，再用木钉固定（图4-26）。排扇完成后需要用绳子把两排圆木在架子上下端固定好，便于接下来的立架。

(a)第一排屋架排扇

(b)第二排屋架排扇

(c)第三排屋架排扇

(d)第四排屋架排扇

图4-26　排扇的步骤(张旭斌摄影)

2. 立架

立架需要的人数比排扇要多,屋主会叫上男性亲戚朋友来一起帮忙,人数为二三十人。立屋架一般是从左到右,把一些长绳在屋架上端绑好,长绳一端绑在后面还未立起的屋架上,另一端则由十几个人一同拉拽,直到屋架直立后,在屋架前后两侧用檩条或者柱子将其固定好。

用同样的方法把第二排屋架立起来后,再用枋把它和第一排屋架连接起来。余下的几排屋架也是同样的操作,最后用枋将各排屋架连接成一个整体(图4-27)。柱子和枋交接的地方要用木钉固定,防止枋榫从柱卯处脱落。

(a)第一排屋架立架

(b)第二排屋架立架

(c)第三排屋架立架

(d)第四排屋架立架

图4-27 立架的步骤(张旭斌摄影)

3. 上天梁

立架完成之后要上天梁,天梁是屋顶中央的一根梁(脊梁)。上梁时还要举行相应的仪式。

上梁当天屋主需砍一棵小的椿树或梓树备用,如果自家没有,则到别家砍一棵,在原处留些钱财即可。

五、上瓦

上完天梁之后开始安装檩条和椽皮,以便铺设瓦片。侗族地区常用的瓦是小青瓦。备好瓦后,屋主请专门铺设瓦片的师傅来完成铺瓦

工作。

屋顶上瓦有利于屋架结构不受风雨侵蚀。如果屋主经济条件有限，盖瓦之后（图4-28）就先不装修，等经济条件比较好的时候再装修。

（a）外观

（b）室内屋顶细部

图4-28　上完瓦的侗族民居（张旭斌摄影）

六、安装楼板和墙壁

制作屋架是侗族民居营造过程中的粗木工活，装修房子则属于细木工活。安装楼板和墙壁是侗族民居装修的主要内容，根据工期进度的要求，主人家会聘请相应人数的装修师傅来完成。

安装楼板和墙壁的时间有长有短，主要受材料的影响。新的木材加工成的板被侗族木工师傅称为"生板"。生板不能直接使用，需要放置3个月到半年不等，等到水分完全蒸发后方可使用。如果赶工期，则需用专门的木材烘干设备对生板进行处理，大约一周之后才可以使用（图4-29）。

图4-29　在室内晾干待用的楼板（张旭斌摄影）

1. 安装楼板

安装楼板之前，木匠会先在柱子之间安装四寸枋，四寸枋之间安装一些枕木，再往上铺楼板(图4-30)。

(a)四寸枋、枕木和楼板的搭接

(b)尚未装完的楼板

图4-30 安装楼板(张旭斌摄影)

楼板为企口板，即板的长边一侧为凹槽，另一侧为凸榫，安装楼板时，板与板之间紧紧相扣[图4-31(a)、图4-31(b)]。与柱子相交的几块楼板需要按照柱子的外轮廓进行切割[图4-31(c)]。木匠从柱子两端往中部装板，最后留下一条缝，把最后一块板从侧面敲入[图4-31(d)]，使两根柱子之间的楼板紧密。如此反复多次，直至完成全部楼板的安装。

2. 安装墙壁

安装墙壁之前，需要先把横枋、站枋和墙壁板这些材料加工好(图4-32)。

横枋和站枋中间要留出槽来安装墙壁板(图4-33)。

横枋和站枋安装好后再安装墙壁板，墙壁板也为企口板。开始时

(a)楼板拼接

(b)楼板和枕木的搭接

(c)楼板和柱子的交接

(d)把两柱间最后一块楼板从侧面敲入

图4-31　安装楼板的细节处理

(a)加工站枋

(b)加工墙壁板

图4-32　安装墙壁的准备工作(张旭斌摄影)

(a)安装横枋和站枋

(b)安装墙壁板

图4-33　安装墙壁的过程(张旭斌摄影)

木匠把木板倾斜装入上下横枋的凹槽中,从左往右装,直到把墙壁封好(图4-34)。

(a)横枋和站枋的凹槽

(b)安装横枋

(c)敲打墙壁隔板

(d)安装墙壁板

图4-34　墙壁安装的细节处理(张旭斌摄影)

七、装修和装饰

侗族民居装饰较为简洁,多见于窗户和柱头。为满足采光的需求,房屋前后需安装窗户,多以带图案的窗棂装饰(图4-35)。吊柱和垂瓜柱也是常见的装饰,多为花篮式柱头(图4-36)。

(a)没有玻璃的窗户

(b)有玻璃的窗户

图4-35　窗棂装饰(张旭斌摄影)

图4-36　吊柱装饰(杨昌鸣摄影)

八、油漆

装修完成后,木工师傅用桐油涂刷墙壁、楼板和门窗等。上桐油之前需对墙壁和楼板进行打磨,打磨后上一遍桐油,上完再打磨一遍,用湿抹布擦拭后再上一到两遍桐油。桐油对木头起保护作用,既可以防止木头朽烂,又能达到光亮美观的效果。

九、维护

根据侗族建筑师傅的经验,房子只要把屋顶的瓦盖好,保证屋顶不漏水,一般几十年甚至上百年都不用修缮。如果遇上狂风暴雨或鼠害等情况导致屋顶的瓦片错动,就必须及时对屋顶进行修补。如果遇到屋顶破损但主人不在家这种情况,长期的漏雨会造成椽皮、檩条、墙壁和楼板的朽烂。这个时候就需要对朽烂的部位进行修复,确保房子能恢复正常功能。

第三节 民居的营造习俗与仪式

一、选址

在侗族传统民居的建造过程中,人们要举行多种仪式。首先是选址仪式。在侗族人民的观念中,房屋基址选择的恰当与否,不仅直接关系到房屋主人一生的居住状况,而且会对整个家族的繁衍产生久远的影响。因此,对于房屋基址的选择,就成为民居建造的重中之重,与

之相应的选址仪式也就显得格外重要。

与侗族人崇拜万物有灵的观念相呼应，人们笃信鬼神无处不在。要想保证居住生活的安宁，首先要做的事情就是要“驱鬼请神”。因此，选址仪式的主要内容就是要通过祭祀活动来达到“驱鬼请神”的目的。

侗族早期的基址选择，基本上是借助占卜以及对和谐生活环境的朴素认识来完成的。后期随着汉族风水思想影响的不断加强，侗族人民在选择基址时逐渐借鉴了汉族的风水理念，开始注重前后左右的地势关系，同时也引入了罗盘等工具及其相关习俗，例如在调准罗盘指针时要依据房主的生辰八字等。

图4-37　贵州占里侗寨某宅的“泰山石敢当”木牌（杨昌鸣摄影）

如果由于条件限制，所选基址在某些方面有所欠缺，主人也会采用与汉族类似的方法来加以禳解。例如位于巷口的住宅，通常会悬挂一块写有“泰山石敢当”的木牌（图4-37）。虽然只是一块小小的木牌，却可以给房屋的主人带来极大的心理慰藉。

二、垫磉

由于侗族干栏式建筑不需要专门建造地基，所以在建房时只需用石块将坑洼不平的基地铺垫平整即可，这些石块也同时具有将木柱与地面隔离的作用，具有很好的防潮效果。侗族将岩石称为“磉”或“磉石”，因此用石块垫在木柱下面的工序就叫“垫磉”。

垫磉也要举行相应的仪式。垫磉仪式的程序与其他建造仪式基本相似,除了祝福房主以及祈求保佑的内容之外,还有祭祀的活动。祭祀的对象则是掌管磉石的土地神。

垫磉仪式结束意味着整个建房活动已经获得了土地神的许可。因此也可以把垫磉仪式看成是房屋建造准备环节结束的标志。

三、伐木

基址确定之后,房主就可根据基址的大小确定拟建新屋的面积,并依此估算工程所需的木料用量,然后就可以着手进行伐木。

伐木的日期也有讲究,要综合考虑房主的生辰八字、新屋的地理方位、周围地形、布局特点等多种因素,有时还要进行米卜和梦占。伐木的时间通常都安排在清晨,因为他们认为这个时段行人较少,可以最大限度地避免不祥因素的干扰。

正式砍伐木材之前,需要举行伐木仪式。伐木仪式同样包含两个环节,一是“驱鬼”,二是“祭魂”。所谓“驱鬼”,就是要把栖息在树上的恶鬼驱逐出去,以保障新屋不会受到它们的纠缠;“祭魂”则是要祭祀树木的神魂,祈求其对房主庇佑。“驱鬼”的主要物品是鸡血和鸡毛,“祭魂”的主要物品则有白酒、纸钱、线香、食物等。

仪式结束之后即可进行正式采伐。伐木时,首先要砍伐准备作为中柱的树木。树木倒下的方向也有讲究,必须向山脚的方向倒下。此外,树种的选择也有讲究。在侗族人民的观念中,“椿树为王,梓树为大将”,故天梁一般取材自椿树或梓树。

对于在新屋中起关键支撑作用的中柱树种,更是需要房主亲自选择。中柱必须是“鸳鸯树”,也就是两根主干连在一起的大树。第一根砍伐的中柱要竖立在堂屋的左侧,由房主亲自做好标记。

四、发墨

开工之前的仪式也称“发墨”仪式。侗族人所说的发墨，是指掌墨师在选定的杆件上弹放墨线进行标记，也是正式开工的标志。

与其他仪式基本类似，发墨仪式同样包含两个方面的意图：一是祭祀，二是祈求。只不过这里祭祀的对象是木工的祖师爷鲁班；祈求的内容则是保佑房主以及施工人员平安。

发墨仪式由掌墨师主持，所需物品有香烛、纸钱、米酒、猪肉以及活鸡等。

发墨仪式的第一个程序是“请木马”。掌墨师要选择一个吉利的时间及朝向来安放他的重要工具——木马。安放木马时掌墨师要口念“咒语”，祈祷工程顺利完成。同时还要烧香祭拜[图4-38(a)]，并且用凿子将提前准备好的已经开叫的公鸡杀掉，然后将鸡血淋在拟定用作中柱的杆件上[图4-38(b)]。这一程序完成之后才能把杆件放到木马上，开始发墨。

发墨时，墨线的两端分别由工匠及房主牵拉。掌墨师要对杆件及房主说吉祥的祝福语。祝福语说完之后，掌墨师利用绷紧的墨线将中柱的长度、榫卯的位置等分别弹画出来，再将其稳妥安放。

(a)拜祭鲁班

(b)在柱子上淋鸡血

图4-38　开工仪式(张旭斌摄影)

发墨仪式的重要性在于它将中柱的关键尺寸加以确定。由于与之相关的瓜柱、穿枋、梁木等尺寸都必须依据中柱的尺寸进行设置,因此拟建新屋的各种数据也就不会再有大的变动,建造工作得以有条不紊地顺利进行。

五、上梁

上梁仪式是侗族房屋建造仪式中最重要、最隆重的仪式。整个仪式又可细分为砍梁木、开梁口、涂宝梁、放梁口、饰宝梁、祭宝梁、点宝梁、踩宝梁、升宝梁、定宝梁等10个环节(不同地区具体环节大同小异)。

这10个环节的具体对象虽有不同,但几乎都包含有祭拜和祈福这两个方面的内容,因此无论是祭品还是程序都有不少相似之处。

第一,祭品通常要使用三牲。这里所说的"三牲"指三种不同的祭祀动物,一种是无脚的,一种是双脚的,一种是四脚的,也就是常用的鲤鱼、公鸡和猪肉。鲤鱼要整尾煮熟,是"熟"的象征;公鸡是"开叫了"的大红公鸡,是"生"的象征;而猪肉则要半生不熟,象征处于"生"与"熟"之间。

第二,要敬酒焚香,以示尊敬。

第三,要除秽禳煞。通过喷洒碗中的清水来清除污浊和晦气,利用淋洒"开叫了"公鸡的鲜血来"禳解煞气"。

第四,要化纸鸣炮。借助纸钱与鬼神分离,通过鸣炮将其驱除,同时也可安抚赐福送贵的善神。

上梁仪式中,也有一些禁忌。其中最重要的禁忌是性别,过去在上梁当天禁止女性参与仪式。再有的禁忌则是语言。在上梁仪式过程中,除了特殊的敬语体系之外,还有明确的忌语体系,绝对不能出现

任何带有不祥含义的词语。即便是传统工程术语中包含的这一类词汇，也要用其他字来替代，例如用“升”代替“吊”等。

上梁仪式对时间也有严格的要求，人们必须根据专门的方法并且遵循一整套非常严格的仪式程序来确定时间。时间一旦确定，就必须严格执行，不能随意更改。

图4-39　天梁上悬挂的红布（张旭斌摄影）

举行上梁仪式时，还要在梁上悬挂写有“紫气东来”之类吉祥语的红布（图4-39）和一把稻穗，寓意子孙满堂和吉祥如意。

六、安门

安门又称“开财门”，就是将已经制作好的两扇门扇装到堂屋的门框上。

大门安装好之后，就代表着新屋可以正式入住，这时候同样需要举行相应的仪式来拜祭和祈福，以便获得神灵的庇佑，保证今后的居住生活平安和谐。

举行安门仪式时，一般会请一位“财帛星”（由有福气并能说会道的人担任）站在门外，与站在堂屋里的“鲁班”（由掌墨师担任）相互唱和，直到把“财帛星”迎进堂屋。当“财帛星”将事先准备好的红包递给主人时，就意味着“进财”了，主人就要设宴庆贺。

七、安神

安神，也称“安神龛”，就是要在新屋中安放一个从旧屋中搬来（或复制)的神龛。这既是世代延续的象征,也是对新屋及其屋中人员进行庇佑的暗示。这同样也是新屋建造过程中的一种重要的精神慰藉。

安神的时间必须通过卜卦来挑选。人们在卜卦确定的时间举行禳煞仪式,具体方式是用鸡血“驱除鬼魅邪祟”,以便为家神创造出平安吉祥的神圣空间。

八、安床

在主屋内安放主床,称作“安床”。

安床时需遵守安床规则,如主床必须安置在靠近神龛的后壁,主床的床头必须朝向主门所在的方向等。

安床时还要举行禳床仪式,目的也是祈求家庭人丁兴旺、平安健康。

九、进火

新屋建造过程的最后一个环节称为“进火”,也就是主人第一次将炊具等搬进新屋。这时要在火塘里堆上干柴并燃起熊熊大火,同样也要请“财帛星”念诵祝福吉语。

举行进火仪式的目的,既是宣告整幢房屋落成,也是祈求新屋得到神灵庇佑和社会认可。

进火的时间也要精心选择,同样是希望尽量避免遇到各种不吉利的情况。

第五章 侗族鼓楼营造技艺

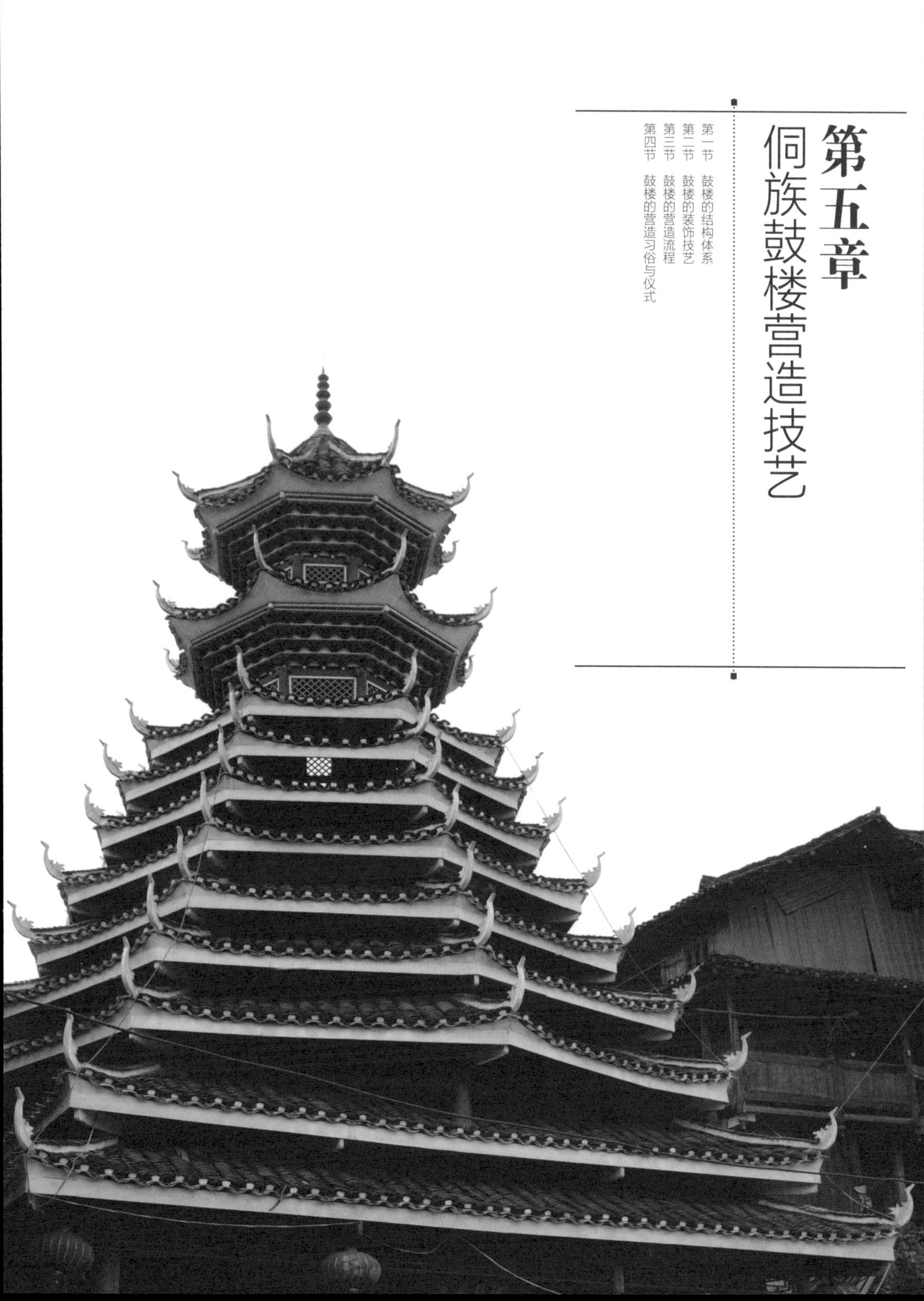

第一节
鼓楼的结构体系

一、鼓楼结构类型

鼓楼的结构体系总体上来说都属于穿斗架结构体系，但又可以细分为民居式和塔楼式两种类型。

1. 民居式鼓楼

民居式鼓楼（图5-1）是指采用常规穿斗架结构体系、与民居形式基本类似的鼓楼，例如厅堂式或门阙式鼓楼等。其结构及建造方式与普通民居基本相似，此处不再赘述。

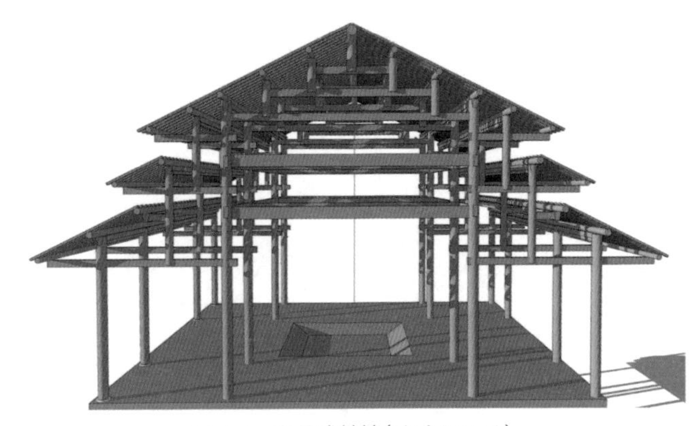

图5-1　民居式鼓楼（陈鸿翔绘图）

2. 塔楼式鼓楼

塔楼式鼓楼则是指外部造型类似宝塔

的多层鼓楼，建造技术较为复杂。虽然塔楼式鼓楼看起来复杂，但其结构体系依然是民居中常见的穿斗架，只不过增加了逐层后退并向上抬升的层叠屋檐而已。事实上，即便是后来出现的变化更为丰富的鼓楼，也只是在这一基础上进一步发挥，并未产生实质性的变异。

根据不同的使用功能和要求以及立面造型的需要，塔楼式鼓楼有若干变化形式。

（1）中柱型

塔楼式鼓楼的早期形态可能是《赤雅》里记载的“罗汉楼”。这种形式的鼓楼，保留着比较典型的“巢居”的痕迹。也就是在一根独立的大木柱上，向外悬挑木梁，上铺木板或其他简易材料，可以供人坐卧。从文献的记载来看，当时应该是主要供青年人使用的场所，其性质可能类似于国外民族中常见的集会所。

这种集会所是专为村寨公众集会而建造的房屋，也是青年人举行成年仪式之前集中培训的场所，平时可作为村民闲谈、娱乐、休息、待客之所，也可用来举行宗教仪式或贮藏宗教用品。由于地位特殊，这些集会所常常被精心雕饰，呈现出与众不同的面貌。

（2）多柱围合型

随着时代的发展，鼓楼的性质和用途也在不断发生变化，简陋的罗汉楼显然难以满足全村老少聚会的要求。在罗汉楼的基础上进行扩展，变一柱独立为多柱围合，就成为一种必然的发展趋势。

① 单环围合：

当鼓楼的性质转化为村寨中心的时候，鼓楼的主要活动空间也随之从悬挑的层面下降到地面，活动面积也相应增大。利用多根木柱环绕独立的大木柱周边构成正多边形的做法也就应运而生。其典型实例就是迄今依然能看到的“独脚楼”。

现存最早的独脚楼位于黎平县岩洞乡述洞寨，称为述洞鼓楼，建造于1921年，当地人称其为“楼劳栋”，也就是独柱楼的意思。在其中心位置仍然保留着一根粗大的木柱，以之为中心，构成一个正方形的平面。在这正方形平面的十字轴线及对角线的交点处，总共设置了8根边柱，在边柱的顶端用穿枋与中柱连接，形成一个稳固的框架体系。在每根边柱的穿枋上再立瓜柱，构成一组以中柱为中心的半榀屋架，也可以看作是相交于中柱的六榀屋架。在第一层屋檐的基础上继续利用穿枋与瓜柱的组合，构成第二层屋檐，依次类推，最终完成六层重檐(图5-2)。

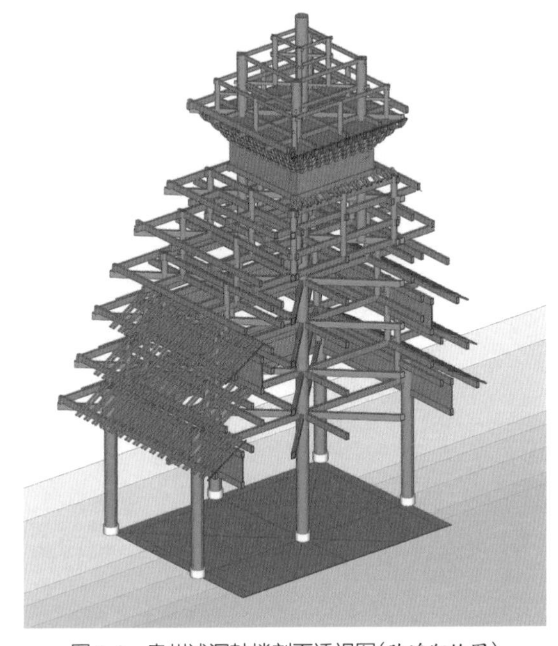
图5-2 贵州述洞鼓楼剖面透视图(陈鸿翔绘图)

与述洞鼓楼相似的，还有建于1993年的广西三江县高定村五通鼓楼以及建于2000年的黎平县岩洞的四洲鼓楼。

② 双环围合：

随着鼓楼在村寨日常生活中的重要性逐步加强，鼓楼的使用面积也随之增加，单环围合中柱的平面形式已经难以满足要求。在原有单环柱列的基础上向外扩展，形成双环柱列的平面形式就成为一种可以接受的选择。

外环柱列既可以与内环柱列保持相同的平面格局，也可以自成体系采用其他的平面形式，但绝大多数都会采用正多边形。

侗族群众习惯围坐在鼓楼中的火塘周边议事或聊天，而有中柱的鼓楼中，火塘的位置只能偏居一隅，不是太方便，因此在双环围合的平面形式中又出现了中柱不落地的改良做法。

中柱不落地的做法也有一个逐渐变化的过程。早期的做法是将中柱搁置在呈对角线布置的穿枋上，中柱的承重作用由周边列柱分担。后来中柱的作用逐渐被环形柱列取代，最终演化为鼓楼顶部的雷公柱，构造意义超越了结构意义。

（3）与外部造型相适应的平面结构转换

鼓楼的外观造型同样经历了由简单到复杂的变化过程。

早期的鼓楼，虽然有层叠的屋面，但其平面形状基本保持一致，只是尺寸逐层缩减而已，如述洞鼓楼等。

此后，侗族人民为追求造型变化，开始采用底层屋面与上层屋面平面形状不相一致的做法，也就是底层屋面为正方形（或其他正多边形），上层屋面转换为其他正多边形（或正方形）。其中又以从正方形转换为六边形或八边形的做法最为多见。

这种平面上的转换，虽然看起来复杂，其实原理基本相似，都是在原有正方形构架的基础上，通过增加宝梁（大梁）和瓜柱，搭建起正六边形或正八边形（图5-3）的上层构架。除了尺寸逐层递减之外，其几何关系始终保持不变（少数在顶部采用歇山式屋顶的案例除外）。

图5-3　鼓楼平面从正方形转换为八边形（陈鸿翔摄影）

(4)减柱与加柱

为达到平面转换或节约材料的目的,侗族人民在鼓楼的建造中,经常会采用减柱或加柱的做法,也就是在正常的柱子数目的基础上,根据具体情况进行减少或增加,以便节约材料或增加造型变化。

① 减柱:

侗族鼓楼的减柱有两种做法:

一种是将八边形平面的中柱去掉四根,内环变成四边形,柱网形成外八内四的结构,如从江县增冲鼓楼(图5-4)。由于四根中柱被减掉,原本该直接连接中柱的挑檐穿枋的后尾就只能接在中柱间围梁的中部,而瓜柱的布置方式不变。因鼓楼的中柱用料要求本就很高,所以这种做法能起到减少中柱用料的作用。但是,这样的结构方式会造成围梁中部剪力过大,所以比较少见。

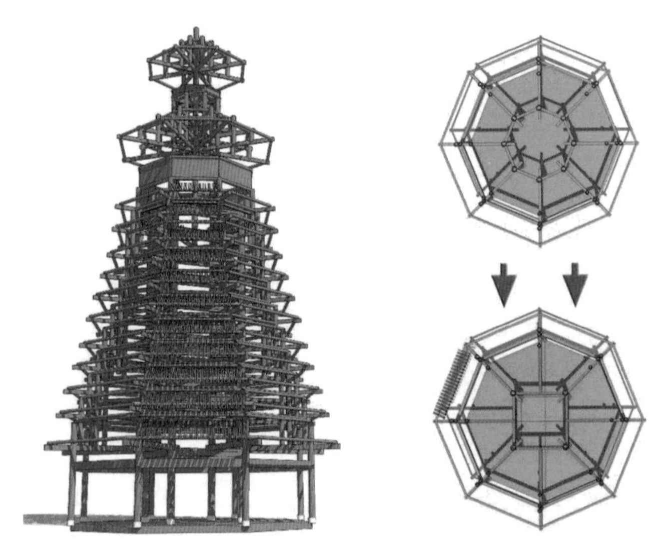

图5-4　从江县增冲鼓楼减柱做法(陈鸿翔绘图)

减柱的第二种方式就是中柱不落地,直接架在连接边柱的梁枋上,如黎平县肇兴镇纪堂下寨鼓楼(图5-5)。这座鼓楼已有150年的历史。当初在建造时受场地限制(435厘米×435厘米),如果按照一般

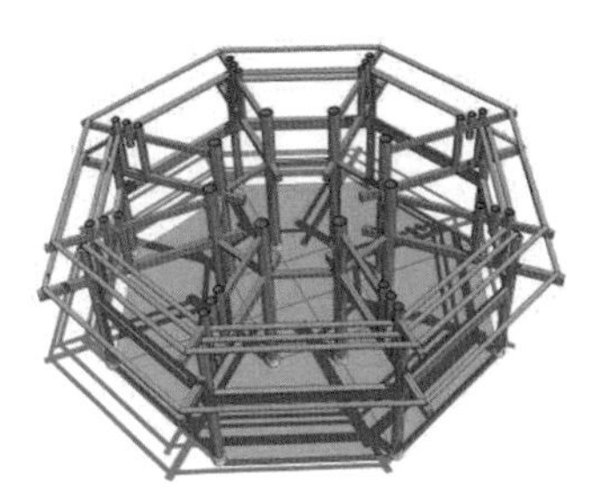
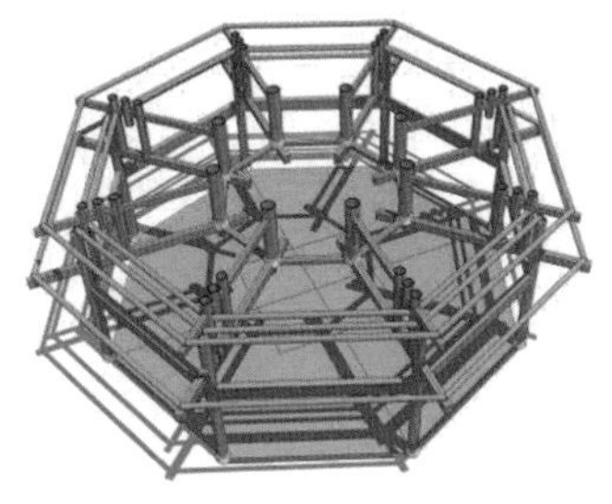

图5-5 黎平县肇兴镇纪堂下寨鼓楼减柱做法(陈鸿翔绘图)

的构架方式则会出现鼓楼内部使用空间狭小的问题,所以为保证鼓楼底部空间的完整性,掌墨师采用3米高的“井”字形结构体系连接边柱,中柱就架在“井”字形的梁枋上,上部做法与一般鼓楼相同。当然,这种做法也有一定的局限性,例如边柱之间的跨度不能太大、高度也不能太高等。

② 加柱:

与减柱相比,加柱是更为常见的技术措施,多用在需要改变立面形式的鼓楼上。鼓楼通过增加柱子可以从底部的正方形平面逐步转换成六边形或八边形平面,如黎平县肇兴侗寨的信团鼓楼(图5-6)。

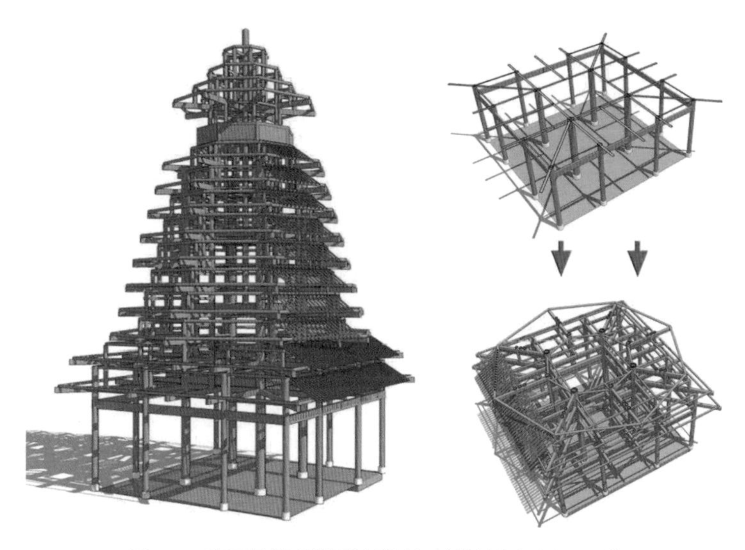

图5-6 黎平县肇兴信团鼓楼的加柱做法(陈鸿翔绘图)

其底部是四边形，到了上部就变成了八边形。信团鼓楼加柱的具体方法是在连接中柱和边柱的第一层穿枋上加横梁，再在横梁上的对应位置加立柱，与原来的中柱一起构成了八边形的结构体系。同时，在连接中柱和边柱的第二层枋上也加一根横梁，用以承托加柱后对应产生的第一根挑檐瓜柱，其他的做法和一般鼓楼相同。

从江县的坝寨鼓楼也是通过类似的方法从底部四边形变成六角攒尖的形式的。

立面变形如果不是从第一层而是从多层檐之上开始的话，就会直接加上8根短柱形成八边形。总体来说，加柱方式灵活多样，富于变化，从而创造出各式各样的鼓楼立面效果（图5-7）。

图5-7　在梁上加柱进行转换（杨昌鸣摄影）

二、侗族鼓楼的整体构成

侗族鼓楼从整体上来看，可以分为楼底、楼身和楼顶三大组成部分（图5-8）。

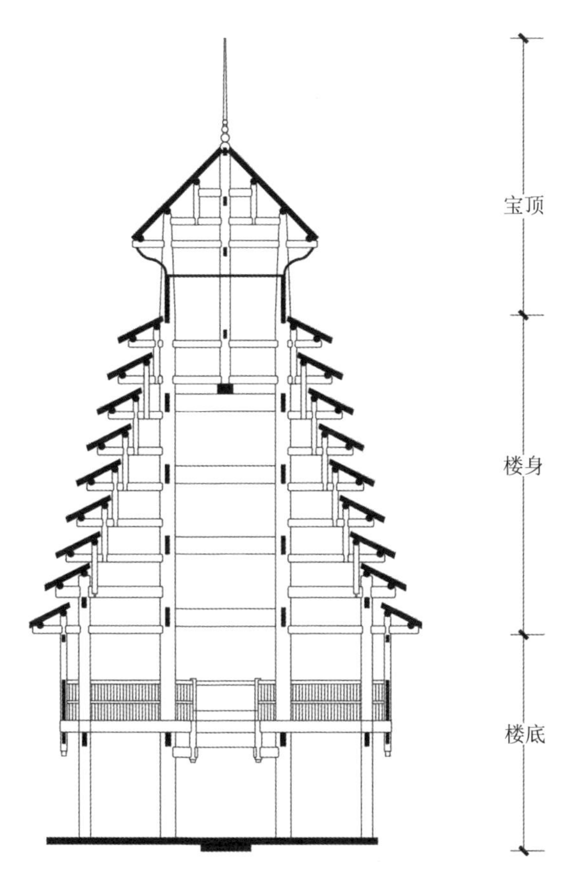

图5-8　鼓楼的剖面构成(引自熊伟等《侗族鼓楼营建规则探考》)

1. 楼底

楼底是鼓楼的主要活动空间,大多为单层,也有少数将底层架空形成上、下两层。一般情况下,单层的鼓楼楼底高度为2.4～3.7米,其高度主要取决于经济条件以及建造者的意愿。如果建造者将主要活动空间放在架空层,则架空层的层高通常会控制在2.4米以下。

2. 楼身

楼身是构成鼓楼整体形象的主要部分,其构成方式看起来复杂,实际上很简单,不过是普通民居半榀屋架不断垂直发展的结果。具体来说,楼身的结构构成方式是以穿枋连接主柱和外圈副柱,组成基准排架,在这排架上向内缩进一定的距离架立瓜柱,再用穿枋将其与主柱连接构成第二层排架。依次类推,逐层向上,直到达到设计高度为止。

瓜柱的高度决定着鼓楼每层屋檐的高度,这一高度通常为0.8～1.5米,但同一座鼓楼的屋檐高度基本上是相同的。

屋檐的层数决定着鼓楼的总体高度,而屋檐的层数加上宝顶的层数必须是单数,这是鼓楼建造时的一个基本要求。

在底层主柱与周圈副柱之间距离不变的情况下,屋檐的层数还要受到每根瓜柱向内收缩距离的限制。在屋檐高度相同的情况下,每根瓜柱向内收缩的距离也相等,一般都会控制在30～40厘米。但是,在实际操作中,为避免层高相等而导致屋檐外轮廓呈直线状,掌墨师会利用作图投影定位的方式,将上层瓜柱的收缩距离加以适当调整,保证外轮廓呈现出优美的内凹曲线。

在主柱高度有限或主柱之间距离较大的情况下,建造者可以采取在主柱之间的穿枋上架立瓜柱来增加屋檐的做法,这种瓜柱也被称为"内瓜柱"(图5-9)。

3.楼顶

鼓楼的楼顶部分又可细分为楼颈、蜜蜂窝、宝顶三个组成部分。

(1)楼颈

所谓"楼颈",是指鼓楼层叠屋檐与宝顶之间的过渡部分(也有少数鼓楼没有楼颈部分),由主柱或内瓜柱向上延伸形成,外饰窗棂(图5-10)。窗棂的图案较为简单,以45°斜角图案最为常见。楼颈部分在鼓楼的整体构图上成为连续向上的韵律的一个转折点,为达到最后的高潮(宝顶部分)做好充分准备。

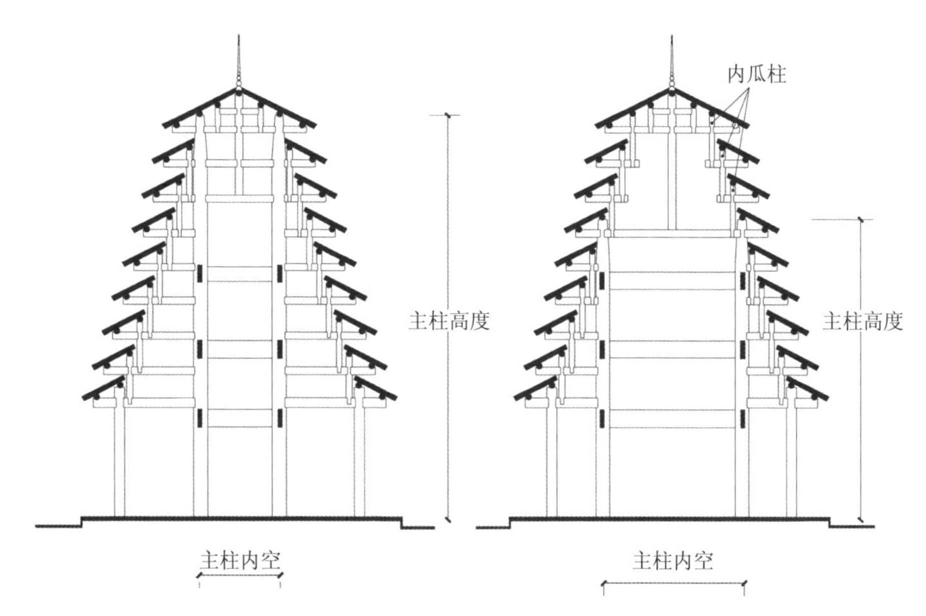

图5-9　鼓楼内瓜柱做法(引自熊伟等《侗族鼓楼营建规则探考》)

图5-10　鼓楼的楼颈(张志国摄影)

(2)蜜蜂窝

所谓“蜜蜂窝”,是指在鼓楼的楼颈与宝顶之间用蜂窝斗拱逐层出挑的部分(图5-11)。蜂窝斗拱本身比较简单,可以分解为1根向外伸出的长拱以及2根(或4根)交叉的短拱,但由于逐层交错排列,具有连续而又富有变化的韵律感,从而以简洁的结构手段创造出繁复华丽的外观效果。

侗族的蜂窝斗拱与汉族地区的如意斗拱或斜拱虽然在外观上有些类似,但在结构原理和具体做法上都有比较大的差异。蜂窝斗拱是将单个的呈八角星型(通常用于转角处,类似于清代斗拱的角科)或六角星型(类似于清代的平身科)的斗拱按照鼓楼的平面形状加以排列,互不相连。上下层之间也没有咬合关系,而是借助上层荷载使其压实紧密。

图5-11 蜜蜂窝示意图(陈鸿翔绘图)

在具体构造方面,每组蜂窝斗拱通常包含三个构件,即栌斗、华拱和斜拱。但八角星型的斗拱则要增加一个横拱(图5-12)。华拱、斜拱以及横拱之间用卯口连接成一个整体,然后直接搁置在栌斗顶面,与之并无咬合关系。

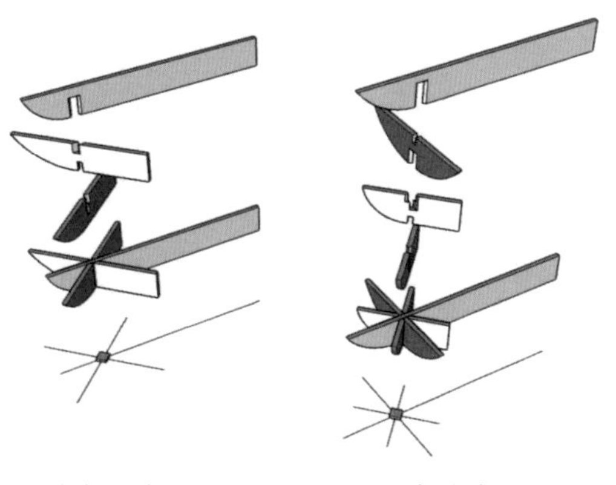
(a)六角星型　(b)八角星型

图5-12 蜂窝斗拱分解示意图
(依据吴琳等《侗族鼓楼宝顶蜂窝斗拱“斜拱相犯”关键营造技艺破译》改绘)

由于侗族鼓楼的宝顶随塔身的平面形状有四边形、六边形和八边形之分,而且多边形又有角和边的区分,所以产生了角部

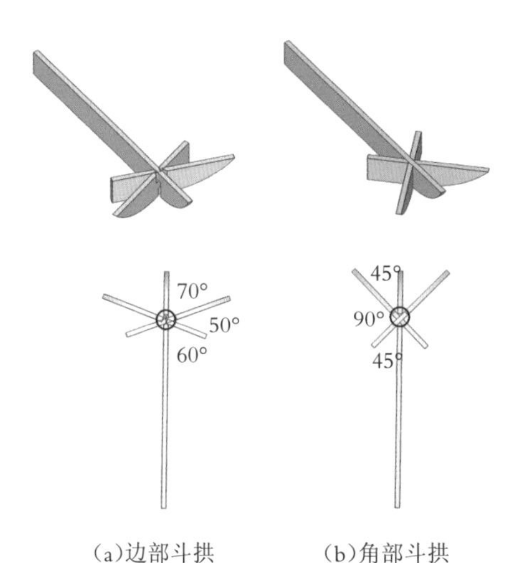

(a)边部斗拱　　(b)角部斗拱

图5-13 位于角部和边部的六角星型蜂窝斗拱的区别(依据吴琳《贵州侗族鼓楼宝顶斗拱构造》改绘)

斗拱和边部斗拱两种类型。四边形的角部使用八角星型斗拱,边部使用六角星型斗拱;六边形和八边形宝顶角部和边部都使用六角星型斗拱,但两者的角度有所不同(图5-13)。

(3)宝顶

鼓楼的宝顶,也就是鼓楼的顶部,是鼓楼整体形象的视觉焦点。常见的宝顶做法是在楼颈所提供的框架之上,利用逐层向外出挑的蜂窝斗拱,与中心的雷公柱、内瓜柱(或主柱)共同作为支撑,构成顶部的攒尖式(也有少量歇山式)屋顶(图5-14)。

在有的场合,为构图需要,也有采用双重宝顶的做法(图5-15)。

攒尖顶形式的宝顶通常会有一个类似于塔刹的结束部分。这一部分在结构上由雷公柱支撑,外部造型各有不同。

图5-14 增冲鼓楼的宝顶剖面(陈鸿翔绘图)

图5-15 鼓楼的双重宝顶(杨昌鸣摄影)

第二节 鼓楼的装饰技艺

鼓楼除了外部造型丰富多变之外,多姿多彩的装饰技艺也是其吸引万众瞩目的因素之一。

依据材料的不同,鼓楼的装饰可以分为以下三类。

一、彩绘装饰

在鼓楼的一些比较重要的构件上,人们通常会用彩绘的形式加以装饰。这种彩绘大多数是以线描的方式来表现,辅以简单填色,大面积填色的情形比较少见。

彩绘的图案和色彩能够打破沉闷感,增强表现力。尤其是在面积较大的封檐板上,由于彩绘的出现,原本单调的横向线条变得丰富多彩,不仅能够增强鼓楼的体积感,也可强化鼓楼的吸引力。

鼓楼彩绘的题材较多,并无一定之规。比较常见的题材有以下几种:

1. 日常生活

在鼓楼中最常见的彩绘题材是侗族人民的日常生活场景,例如各种仪式和耕种、收获、饲养活动等。通过对这类日常生活场景的描绘,

可以营造欢乐祥和的气氛。比较典型的有《春耕图》《斗牛图》《斗鸡图》《纺织图》等。由于这类题材贴近生活，受到侗族群众的广泛欢迎，画师也驾轻就熟，因而在大多数鼓楼中都可以看到这类题材的彩绘（图5-16）。

图5-16　侗族彩绘《春耕图》（张旭斌摄影）

2. 民间传说

利用绘画的形式记录民间传说，是侗族传统文化的重要传承方式之一。因此，将民间传说的题材用彩绘的形式呈现在鼓楼上，也是顺理成章之事。

相对来说，民间传说题材的彩绘在构图上较为抽象，不如日常生活题材那样直观生动，因此有时也会增加一些文字表述（图5-17）。

图5-17　鼓楼封檐板上的民间传说绘画装饰（杨昌鸣摄影）

3.图腾象征

侗族的很多民间传说都与动物或器物有关,例如龙、凤、鹤、蝶以及葫芦等,它们实际上就是侗族的民族图腾象征。因此,在鼓楼的彩绘中,也经常可以见到这类图腾象征的题材。

侗族画师对这类题材非常熟悉。虽然构图比较简单,但形态生动活泼,因此这些图腾象征彩绘经常成为鼓楼彩绘的视觉焦点。

除了写实的方式之外,鼓楼彩绘还可以用图案的形式来表现民族图腾。鼓楼彩绘中有很多图案的纹样都是从图腾中抽象出来的。例如,龙和蛇可以演化为龙纹和螺旋纹,与鱼有关的纹样则有鱼纹、三角纹和菱形纹等(图5-18)。

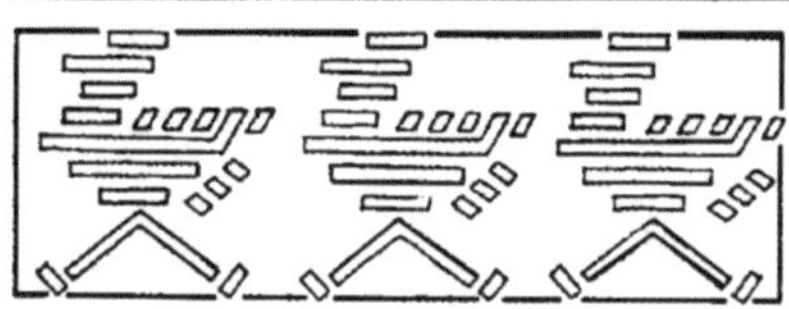

图5-18　鼓楼常见装饰纹样(引自陈智《侗族民间建筑的装饰特色及其文脉机制》)

4.文字

在鼓楼彩绘当中,文字也占有一定的比重。尽管侗族以前没有本民族的文字,但随着时间的推移,侗族人民逐渐把文字看成是艺术表现的手段之一。在鼓楼的大梁、立柱、门楣或封檐板上,侗族人民经常用文字进行装饰(图5-19)。

图5-19　鼓楼内部的文字装饰(王树和摄影)

二、雕刻装饰

侗族鼓楼常见的雕刻主要是木雕，也有部分石雕。

1.木雕装饰

由于杉木的纹理通直，非常适于雕琢，因此侗族鼓楼的柱、檩、枋以及门窗等不同构件均可用木雕的形式来进行装饰。

（1）柱头雕刻

图5-20　垂花柱雕刻（张旭斌摄影）

鼓楼的柱头雕刻主要是指垂花柱雕刻。由于这些垂花柱均系由里向外悬挑，很容易吸引人的注意，因此它们需要特别的雕刻装饰。最常见的装饰方式是将柱头下端雕刻成球状、瓜状或莲花状，并且用浅浮雕的方式雕刻出几何图案纹样（图5-20）。

（2）穿枋雕刻

除了出现在垂花柱上之外，鼓楼中的木雕还常常出现在穿枋的端部。为了增强装饰效果，穿枋端部可以被雕刻成多种多样的形状，例如卷云、花瓣乃至小动物等。

2.石雕装饰

石雕通常出现在鼓楼的台基、柱础等部位，有时鼓楼中的火塘边缘也会用石雕加以装饰。

相对而言，侗族鼓楼的石雕所占比重不大，题材也比较简单。图案大多是连续的简单纹样，但也有少量比较复杂的图案，如黎平县肇兴侗寨信团鼓楼的“三鱼戏珠”圆形图案等。

三、灰塑装饰

侗族鼓楼的屋脊、翼角以及宝顶等部位，大多会用灰泥塑造出各具特色的装饰形象，为鼓楼的外部造型增光添彩。

由于鼓楼的翼角部分在结构处理上比较简单，一般不会像汉族建筑那样对翼角进行特殊的起翘设计，因此鼓楼的翼角造型主要是借助于钉在角梁上的一根弧状扁铁（俗称“勾”）外包灰泥来完成的。比较常见的是形如仙鹤翼角灰塑，其昂首向天的造型使得鼓楼的身姿更显轻盈(图5-21)。

图5-21 鼓楼的翼角灰塑(杨昌鸣摄影)

鼓楼的屋脊灰塑装饰题材以龙凤或抽象变形的植物元素为主，比较简单的造型则多为鱼尾或龙角。也有一些屋脊是清水屋脊，只用白石灰粉饰，但会在屋脊中央设置葫芦或其他形状的灰塑装饰(图5-22)。

图5-22 鼓楼的屋脊灰塑(杨昌鸣摄影)

鼓楼的宝顶装饰具有画龙点睛的效果，因此在灰塑装饰的题材或形状上都变化更多，但大多与侗族图腾或民俗相关，有仙鹤、芦笙等。

第三节
鼓楼的营造流程

侗族鼓楼的营建一般可分为规划设计和实际建造两个阶段，在每个阶段的不同环节，村民以不同身份结成不同团体参与其中。在规划设计阶段，村民首先选定地点，筹集资金，预备材料，决定鼓楼的规模、形式，再请掌墨师设计构架。在实际建造阶段，掌墨师先确定具体的用料尺寸，割取屋架主体材料，指导木匠拼接梁柱，同时平整基地，搭建基础，最后在"吉日"完成最重要的立架工序，后续根据人力、物力状况逐步完成木作、瓦作、彩绘等添补工作。鼓楼的形象，在营建之初并不确切和明晰，经过集体决策和群体间合作协商，才逐渐具体化和细节化。

举例来说，修建鼓楼的决策以及鼓楼高度、屋檐层数与屋檐平面形式（四边形或八边形）等造型特征需经过全房族集体讨论，最终的决策和监督权掌握在"起事人"——一般是寨老、头首等德高望重的村落首领手中。如广西三江县高定村的《五通氏族鼓楼序》记载："一九九〇年春，族众共商美举，议定修建鼓楼……倡议仿古之形，建造独脚楼。"

鼓楼一般沿用旧址，如不得不重新选址时，需请寨内的风水先生放罗盘确定位置和朝向。依据族人的意愿与现实条件（用地、木料、资金等），"起事人"从本寨或邻近村寨延请鼓楼掌墨师，负责鼓楼的结构设计，画草图确定用料尺寸，并在木料上画墨线，指挥其他木匠备料。鼓楼的主要用材由房族各户捐助，如梁、柱等大料一般由本寨有名望或有财力的家庭捐献，或向往来密切的侗寨募捐得来，如子寨向母寨献木料，以表亲密关系。由于成年侗族人大多具备基本的建造能力和木结构知识，因此主体屋架搭建之外的基地平整、基础搭建、小木装修等添补工作，都是以族众捐工的方式完成。

第四节
鼓楼的营造习俗与仪式

鼓楼营造同样要经历选址、砍梁、开工、立柱、上梁、启用等重要仪式。

一、选址

鼓楼选址要听从风水先生的意见，也就是要请风水先生来“点穴”。点穴的依据当然也包含对地形、地貌及环境的综合考虑。基址选择和项目实施的时间表也均由风水先生掌控。

基址确定之后，还需要举行祭祀仪式，祭祀仪式完成后选址程序才算完成。

二、砍梁木

砍梁木也要请风水先生选择良辰吉时。砍梁木的人员需要从寨子中四代同堂或三代同堂的人家中选择。在把梁抬回来时,梁不能落地。备料砍树一般在农历十月以后,这时天气比较干燥,雨水较少。木料运回来以后,要放置几个月到一年时间,使其自然阴干。

三、开工

一旦风水先生选好吉日和吉时,就可以举行开工仪式了。鼓楼的开工仪式由掌墨师主持。在这个仪式上,人们通过祭拜鲁班祖师和老祖先,祈求全寨平安、鼓楼开工顺利。

开工仪式结束之后,还要举行百家宴。这时家家户户都会拿出自家准备的美食,聚集在寨子中共同进餐。这既是对顺利建造鼓楼的祝福,也是对掌墨师的尊敬和感谢。

四、立柱

立柱仪式是鼓楼建造过程中比较重要的一个仪式。同样也是由风水先生先选好日子和时辰,再准时进行仪式。同开工仪式一样,掌墨师完成请先师礼仪后,动斧杀鸡,将鸡血染在中柱上,之后便鸣炮庆祝,进行立柱。其立柱过程中的祭祀受汉文化中道教的神仙体系和禳解习俗的影响比较明显。

五、上梁

鼓楼建造过程中最重要的仪式是上梁仪式。鼓楼的上梁仪式包括发梁木、上梁、踩梁、抛梁等环节。

吉时一到，仪式开始，由掌墨师主持。首先要进行的是发梁木，也就是要由掌墨师在大梁上从左往右依次书写掌墨师的姓名及时间等字样，再由掌墨师用锤子把1枚银圆竖直钉入梁正中间。银圆钉入以后，上面放置用万年历和符纸包裹的毛笔，再在上面盖上四方形家织褐色染布，染布四角用4枚硬币钉入固定。然后用五彩丝线和糯禾穗将引木固定在染布上。引木是由香椿树枝干制成的，被削成筷子式样。糯禾穗缠3支，五彩丝线缠3支。缠好引木之后，再在梁上挂上吉祥羽毛花5件。翻动梁到背面，盖上红丝布，红丝布上书“紫微高照上梁大吉”8个字。

发梁木之后，掌墨师和寨老两人同时在长桌前进行祭拜仪式。祭拜仪式的内容包括斟酒、点香、烧纸钱祭拜祖师爷。烧完纸钱之后还要唱上梁歌并进行祈祷。

祈祷完毕，已经提前爬上鼓楼顶的年轻人，就把梁木慢慢提升到鼓楼顶，同时开始燃放鞭炮，将糖果及糍粑条抛撒到人群中，也就是所谓的“抛梁”。鼓楼周边的木楼上的妇女们也同时向人群抛撒糖果、糍粑条。

上梁仪式结束之后，整个寨子的成员还要与外来的客人一起吃百家宴进行庆祝。

第六章 侗族风雨桥营造技艺

第一节
风雨桥的构架

侗族风雨桥的桥廊、桥亭皆为木构架(图6-1)。所用之柱,从外至内分别被称作“外柱”(即檐柱)、“二柱”(即金柱)、“中柱”,不过其“中柱”并不落地,实为“中瓜”,以“柱”为名是延续民居的习称。瓜通常骑在或坐在“抬橹”(即抬楼枋、抬梁枋,川渝等地称为“抬担”,黔中称作“抬驮”)上,穿枋把柱、瓜等竖向构件串联起来,有“别巴(枋)”(即挑枋、挑水、挑手)、上三方等,由此而形成横架。再由“过间穿”把横架串

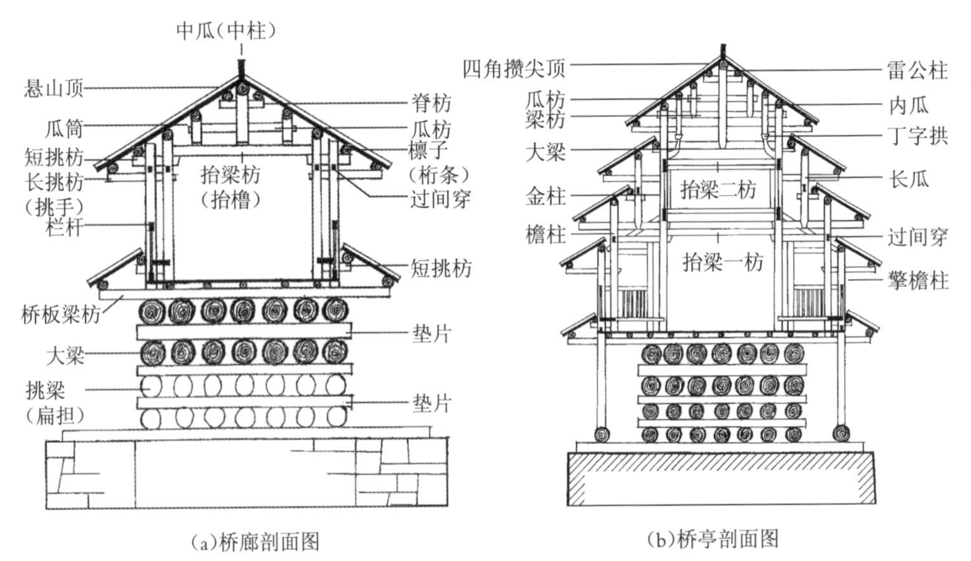

(a)桥廊剖面图

(b)桥亭剖面图

图6-1　程阳永济桥剖面图及构件名称(李哲改绘)

联起来，然后在横架间对应的柱顶、瓜顶上架设桁条（即檩子），其上再钉椽，即形成整个构架。

一、桥廊构架

具体来看，桥廊构架主要以柱、瓜、（纵向）枋、（横向）穿枋等四种构件组成。横架立两柱或四柱，金柱间距一般为2.2～4米，金柱、檐柱相距短则0.4米左右，长则1.8米左右。抬梁枋拉连左右金柱，其上承载瓜筒或长瓜，截面直径一般为20厘米；挑枋（有短挑枋与长挑枋两种）与抬梁枋一起串联整排屋架，承载屋檐，其截面高度常见为20厘米左右。廊架上架（以抬梁枋为准，构架分为上架和下架）的瓜筒之间由枋连接，骑在抬梁枋上，瓜距60～80厘米。根据桥廊规模，廊架采用三柱两瓜或三柱四瓜结构。屋顶有直坡面和双曲面两种。

二、桥亭构架

桥亭构架可看作是由廊架扩展形成的。首先，提高廊架金柱高度、扩大檐柱与金柱间距离；其次，在两金柱间加布抬梁枋，在檐柱、金柱间布置一至两个长瓜；最后，在每根抬梁枋的底面加布往外延伸的长挑枋，长挑枋穿过檐柱及檐柱与金柱之间的长瓜，承托披檐的挑檐檩。多层披檐逐层内收，以歇山式或攒尖式结顶。对于歇山桥亭，逐层内缩的抬梁枋是主要构件，它既是承托长瓜的承重构件，又是联系柱身（瓜身）的连接构件，同时还可穿过檐柱（长瓜）成为长挑枋。抬梁枋不够长时，则在其下加插一枋穿柱伸出作为挑水枋。攒尖桥亭中心设置的雷公柱是关键构件，各方挑水枋尾端皆插入并会聚于雷公柱柱身，再穿过长瓜，承托挑檐檩(图6-2)。

(a)合龙桥桥屋构架

(b)永济桥四角攒尖顶构架

(c)普济桥桥屋的转角构架

图6-2　风雨桥桥廊桥亭木构架(李哲摄影)

第二节
风雨桥的设计

一、廊桥规划

遵照掌墨师的习惯，这里把桥、廊、场地的整体设计称作“规划”，把廊、桥等单体设计称作“设计”。对于规划，掌墨师先考察场地，进行

必要的测绘。传统的方法是用拼接的长竹竿丈量河床宽度及常年最高水位线，现在已改用测量仪勘测。

规划第一步是构思廊桥布局。如果是在江、河等长向形势场地上架设，廊桥一般直线排布，在湖泊等饱满形势的场地上，则可以采取“Y”形等组合做法。桥廊与亭阁的位置安排是布局的主要内容。掌墨师通常于墩、台处置亭，墩、台间设廊。而墩、台的数目和位置则不仅需要根据河床宽度确定，而且取决于大梁的材长等因素。

第二步是在亭阁布局基础上确定廊段长度和廊宽尺寸。廊段长度即亭阁的净距。廊宽尺寸除了满足交通便利等要求外，主要是根据河床的宽度、亭数及中亭相关尺寸确定。

第三步是决定亭顶及廊顶的形式。屋顶的形式存在规格等级，当地一般以屋顶的边数多为规格高。具体地说，亭顶的规格从高到低分别是八角攒尖顶、六角攒尖顶、四角攒尖顶、歇山顶与悬山顶。在一座廊桥上，亭顶规格沿中心向两边依次降低，中亭规格最高，台亭规格最低，呈对称布置。廊顶一般采用悬山顶，根据廊桥的规模可增加重檐的数量，如三江县风雨桥为七亭带五重檐廊身。如果河床较窄，整个廊桥可按平廊型设计。如果河床较宽，可以在满足亭数为奇数的条件下，在多出的墩上加缀庇廊。

二、廊亭设计

设计师在完成廊桥规划后，再对桥亭、桥廊单体进行设计。一般辅以绘图来推敲，先绘平面图，再绘构架图。平面图解决柱、瓜的布置以及瓜、枋的穿插关系，构架图确定竖向空间高度，并对屋面做出相应处理。单体设计虽有定式，但经验丰富的掌墨师从屋顶排瓜到重檐立架往往都追求新意，不拘一格。

国家级非遗传承人杨似玉设计的一座廊桥规模很大，有若干亭阁横跨在中间车道上，亭阁与左右人行道上的两列桥廊相搭接。考虑到通行需要，车道宽不小于6米，净空高4米以上。这里选取其中的一座方形平面的亭阁来介绍其设计方法（图6–3）。

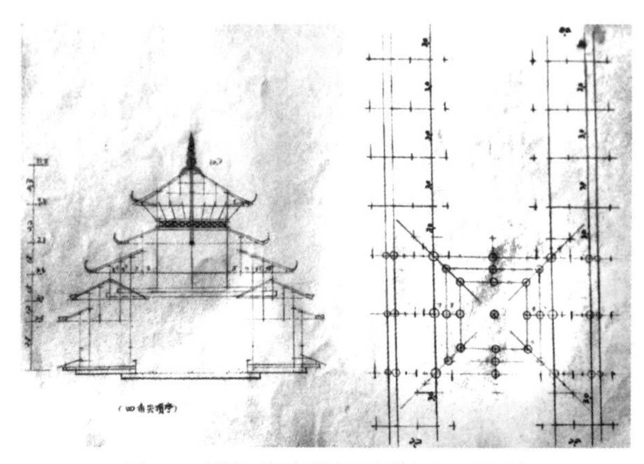
图6–3 桥亭、桥廊设计图纸（杨似玉绘图）

确定平面尺寸的思路是先定亭阁后定桥廊，桥廊尺寸依据亭阁来定。如何确定亭阁的尺寸？基本做法是以底层净高来定柱位：净高4米，则中心柱网（金柱所围合成的方形）边长也设为4米，以形成方形断面的主空间（因车行道导致金柱不能落地，此主空间只是理想中的）。而底层外檐边长设为7米，以满足车行道宽大于6米的要求。此时，亭阁上架的开间或进深的尺寸构成是：1.5米+4米+1.5米=7米。又如何依据亭阁来确定桥廊？在本例中，掌墨师的做法是：以亭阁进深尺寸之半，与金柱和檐柱间距之半的乘积作为廊宽，即廊宽为：$\frac{7}{2}\times\frac{1.5}{2}$米$=2.625$米。去除坐凳外檐柱空间，则主体部分柱间距取2.2米。此处廊宽确定之法，显示了桥廊、亭阁尺寸的联动关系。实际上，此处2.2米也是小型桥廊宽度或者亭阁边长的常用尺寸。

桥廊、亭阁高度的尺度构成规则简单。首先是亭阁总高度的确定。本例中，亭阁总高度是以平面尺寸为基准乘以系数得来的，即$H=\frac{7}{4}\cdot W$。其中，H为雷公柱顶位与桥面距离，W为亭阁开间或进深，$\frac{7}{4}$（1.75）是系数。也即亭阁高度是亭阁平面边长的1.75倍，平面长

7米，则亭高为 $7\times\frac{7}{4}=12.25$ 米。这种以平面尺寸来确定高度的做法在古代楼阁建造过程中常有使用，此举可控制建筑的纵横比例。值得注意的是，$\frac{7}{4}$ 这一系数显然取自亭阁平面总边长与中心空间边长的比值，表明亭阁高度与平面空间划分比例直接相关。接下来，是确定各重檐的位置。重檐，是亭阁、桥廊外观最醒目的特征，掌墨师以檐口挑枋下皮作为位置基准。一般来说，两檐最小间距为1.2米，本例中廊身重檐即取此值，其上的各檐间距分别采用1.5米、1.8米、2.2米，呈现由密至疏的韵律变化，亭阁造型稳定而舒展大气。

屋顶样式不同起水数值也不同。若是歇山顶及四角攒尖顶，一般屋面起4.5～5分水；若是六角攒尖顶或八角攒尖顶，则起5～7分水。屋顶的边数越多，起水越大，如八角攒尖顶起7分水。小型廊桥，多采用直线型屋面；而大型廊桥，则会注重屋顶脊线的生起、屋面下凹等做法。屋面下凹称作“落腰”，其做法甚为简便：无论是四瓜顶还是六瓜顶，一律把每侧屋面的中心往下降低2寸，其余柱、瓜按线性比例随之变化，形成屋面落腰。屋顶两端高起称作“升山”，其做法是：无论是三排屋架还是两排屋架，边排屋架的中瓜固定升起2寸，形成升山（图6-4）。

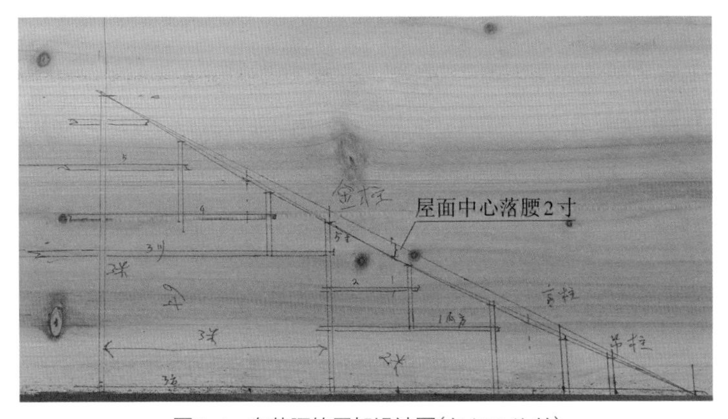

图6-4　有落腰的屋架设计图（杨似玉绘制）

三、设计媒介技术

图纸、小样、杖杆是风雨桥设计的三种媒介。其中,图纸、杖杆较为常见,对于复杂的亭阁设计则先制作小样。

1.设计图

以图来推敲、表达设计是传统做法。早先的图,多绘在拼合杉木板或者椽皮上,用单线表示,示意柱位和构架。在当代,掌墨师吸收了现代制图法,大多在白纸上绘制,有平面图、构架图、立面图(图6-5),有的还绘制轴测图。

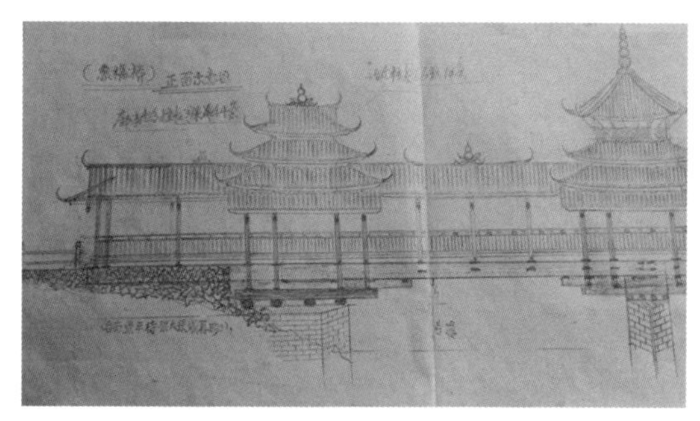

图6-5 风雨桥立面图(杨似玉绘图)

构架图是最主要的设计图,传统上有时只需绘制此图即可。一般为1∶100的比例,着重表达一排屋架的柱、瓜、枋、穿等构件的穿插关系和位置,包括亭阁的总高、各檐高等大尺寸或标高,柱、瓜、枋等各主要构件位置标高,出挑、檩距、柱距、瓜距等尺寸,以及有关说明等。

平面图主要表达亭、阁、桥、廊、柱、瓜的位置关系。一般按1∶100的比例绘制,用单线表示,用大圆、中圆、小圆及点分别表达落地柱、中瓜、长瓜及瓜筒(柱)的位置。多层亭阁绘有简单的楼梯。

立面图通常也是按1∶100的比例绘制。立面图展示了廊桥的整体布局形象,屋顶装饰做法,以及桥墩高度、最高水位线等信息。

构架轴测图主要展示桥廊空间效果及基本的屋架结构,与立面图一样,也属表现图性质,不是用来探索设计的。

图6-6　桥亭小样
（杨善仁制作，李哲摄影）

2. 小样

小样是构架模型，由黄麻杆制成。黄麻杆经剪切、削皮、刨圆、打孔，按设想的样式穿好或粘连固定即成。风雨桥体量庞大、构架复杂，绘图并不能逐一展示所有设计信息，故需制作小样加以完善（图6–6）。小样的制作可检验构架设计的合理性，或探索更多设计的可能性，如长瓜的连续托挑等，或者进一步完善屋顶做法，如屋脊升起、重檐转角、椽皮排布等。因此，反复修改小样是推敲方案的重要方法。小样还是确定构件尺寸、杖杆绘制和备料开料单的依据。

图6-7　风雨桥杖杆（李哲摄影）

3. 杖杆

与侗族民居营造一样，风雨桥的主要设计信息，浓缩在这根名为杖杆的不过2寸宽、2丈余长的竹竿上（图6–7）。在施工过程中，杖杆变身为一把尺子，把设计信息转化为实物。此处杖杆法的主要原理与民居营造中无异。

杖杆可以选用毛竹作为材料，对半劈开，去节、刨皮、晒黄后，架起木马绘制。还可以选用质轻、难变形、带结疤少的杉木，制成板条并四面刨平，如果前后两面绘制，断面宽、厚一般为1寸、0.5寸；如果还要在侧面绘制，断面1寸见方为宜。在绘制过程中，杖杆两头还要多预留3寸左右，俗称“加荒”，待绘制完毕后再“去荒”。杖杆绘制完成后，掌墨师与其余木匠应共同检验、核对并妥善安放。板条杖杆可将其截断为若干条1.2～2.3米长度不等的“子杆”，可以手拿，方便度量与弹线时使用。

杖杆有横杆与竖杆两种。横杆用于记录开间、进深、竖向构件的中心间距及横向构件尺寸，一般与桥板的梁枋等长，或者与桥廊左右下檐之间的距离相当。竖杆可细分为廊杆与亭杆，用以记录柱、瓜的材长及其上卯口位置、尺寸等。竖杆的长度从桥板的梁枋下皮算到亭阁中瓜的卯眼，或者从柱础石上皮开始算起。竖杆较为复杂和重要。在实际操作中，横杆可绘制在竖杆的侧面。

四、排杆

绘制杖杆，掌墨师称之为排杆，是掌墨师的核心技艺。通常是按照从桥板、梁枋到构架中瓜的顺序，把构件位置在杖杆上一一排画(图6-8)。风雨桥有多个亭阁且差异较大的，可分别绘制杖杆。竖杆一般绘制两面，如果加上横杆的内容，则绘制三面：通常是正面记录柱、瓜、卯口的尺寸及柱、瓜的高度，右面记录檩子的尾径和卯口大小，左面记录瓜距及挑枋出挑的距离。

杖杆有特定的符号。竖杆上的上、下线的距离表示卯口高度，上、下线间的对称斜线示意卯口为上大下小，这一符号常用来表示柱头椀口，此时其上画线至杆底端距离即为柱高，常用来表示柱身的穿、枋开口，其上、下线间的斜线示意榫头为大进小出。板凳枋及板凳的厚度用“≀≀”表示。卯口、榫头或构件有收分的，在上述符号的上、下横线内按收分尺寸加点或短线。横杆上，常使用符号“×”表示构件的中心线。除了上述符号外，还辅以文字说明，包括构件名称、方位等。当一

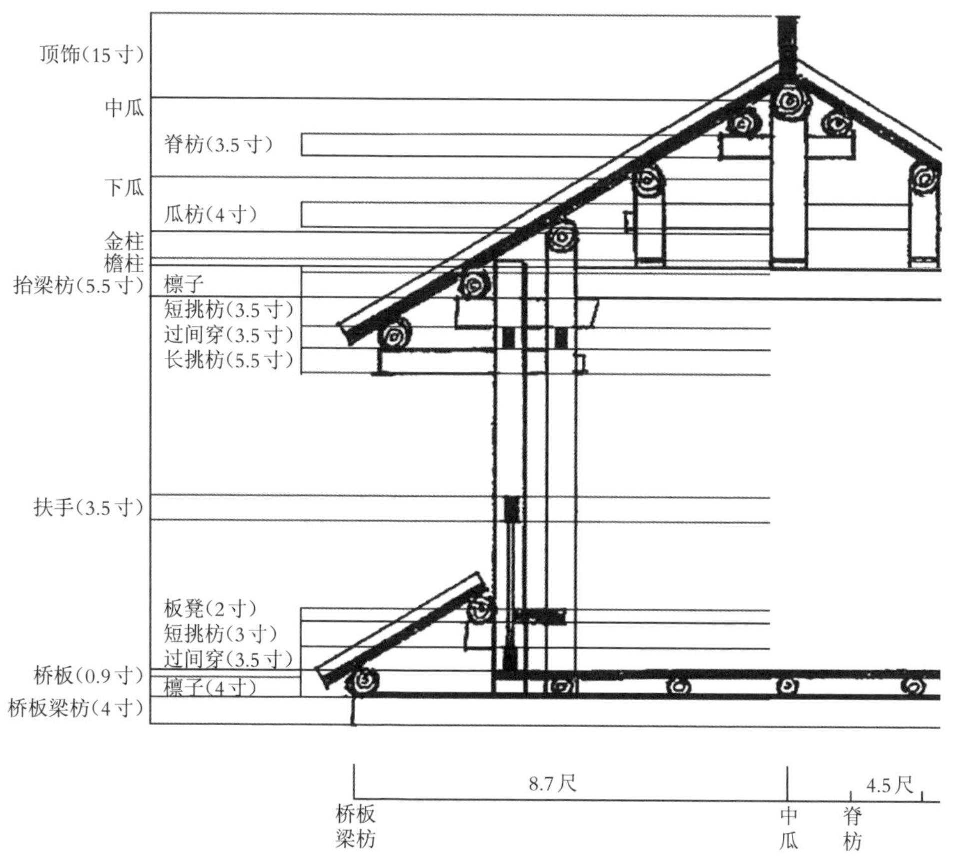

图6-8　风雨桥构架图与杖杆的对应关系(李哲改绘)

根杖杆记录多个亭阁尺寸时,为加以区分,掌墨师在杖杆上画“正”字表示。“正”字两笔的为悬山顶的亭阁,“正字”四笔的为四方攒尖顶的亭阁,如此可表示六边、八边攒尖顶的亭阁(图6–9)。

例如一座三檐四角攒尖亭带悬山廊的旱桥,廊高104寸,总高167.5寸。掌墨师把竖杆分为三段:桥廊挑枋以下为一段,挑枋下皮至桥廊中瓜卯眼为一段,抬梁枋的上皮至亭阁中瓜卯眼为一段,每段长度分别是67.5寸、36.3寸及55.6寸。挑枋杆包含从柱础石上皮至挑枋下皮的构件,以栏杆的扶手为界,先排扶手,扶手以下有板凳及板凳枋,扶手以上即为挑枋,在风雨桥上还有神龛等部分。廊杆包含落地

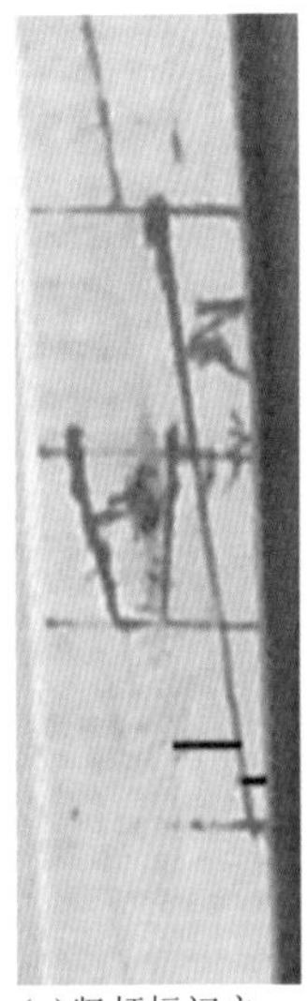
(a)竖杆标记之一

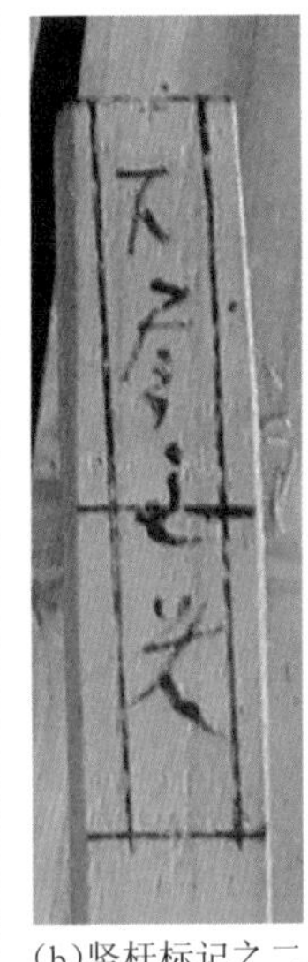
(b)竖杆标记之二

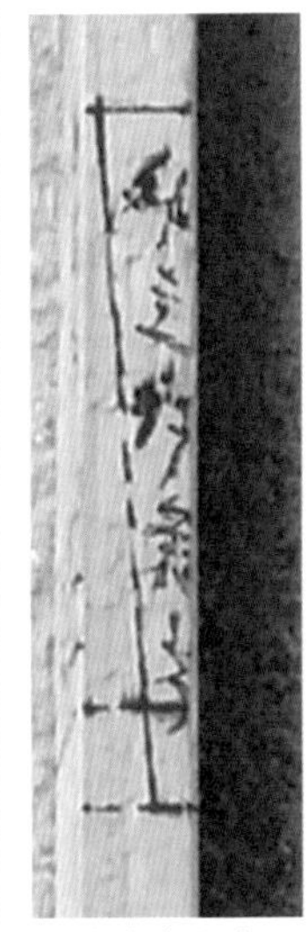
(c)竖杆标记之三

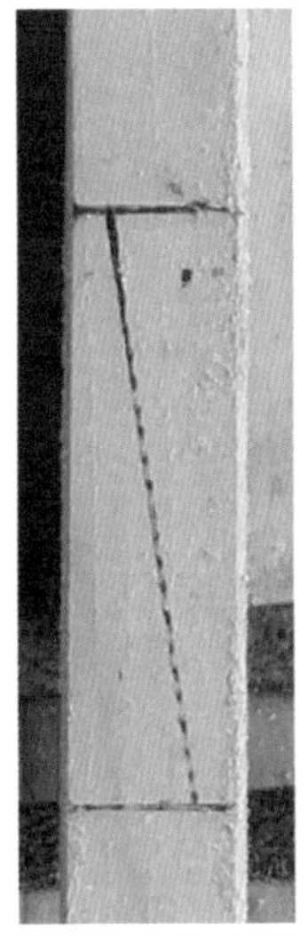
(d)竖杆标记之四

(e)横杆标记

图6-9　杖杆符号举例(李哲摄影)

柱及与重檐高度、瓜筒材长有关的横向构件,先排中瓜,接着排檐柱与金柱,再排抬梁枋及过间穿,最后排瓜筒。亭杆排三面,正面分左、中、右三路,包含有长瓜、雷公柱、太平梁、瓜枋及过间穿等诸多构件。在排序的过程中,先由挑枋定重檐的瓜枋,再由瓜枋定长瓜的材长,最后补上剩余构件。详细的绘制顺序如下:

①把廊杆的柱、瓜及抬梁枋的上皮过画到亭杆上,并在中瓜下方标记正二。

②排桥廊的瓜枋,一般瓜枋的下皮在对应瓜身的中线上。

③由廊杆的抬梁枋上皮往上排34寸,即重檐的挑枋上皮。

④由挑枋排绘长瓜及上瓜。

⑤由上瓜排绘上瓜枋。

⑥在上瓜枋的卯口处标记两个正四,即重复一次步骤③~⑤的过程。

⑦由上一步骤得到的上瓜排绘中瓜。

⑧由挑枋排过间穿。

⑨由桥廊的上瓜枋及步骤⑤的上瓜枋排绘太平梁及中柱梁枋。

⑩太平梁下排绘坐上瓜枋，并标记正四。

⑪由桥廊的下瓜枋得亭阁的下瓜枋，并标记正四。

至此，亭杆的正面已绘制完毕，掌墨师可以着手绘制亭杆的左、右侧面。亭杆的右侧面绘制横向构件的位置关系，作为其正面内容的补充，主要是檩子的直径尺寸及承托檩子的短枋或瓜，如桥廊的中瓜檩子与下瓜檩子等。亭杆的左侧面则绘制横杆的内容。由于瓜、瓜枋和檩的布置呈单元式重复，故排杖杆时此部分可省略，而仅标注“正”字以代之。此举既利于掌墨师检阅廊桥的整体构架，也大大缩短了杖杆的长度，便于掌墨师手持作业（图6-10）。

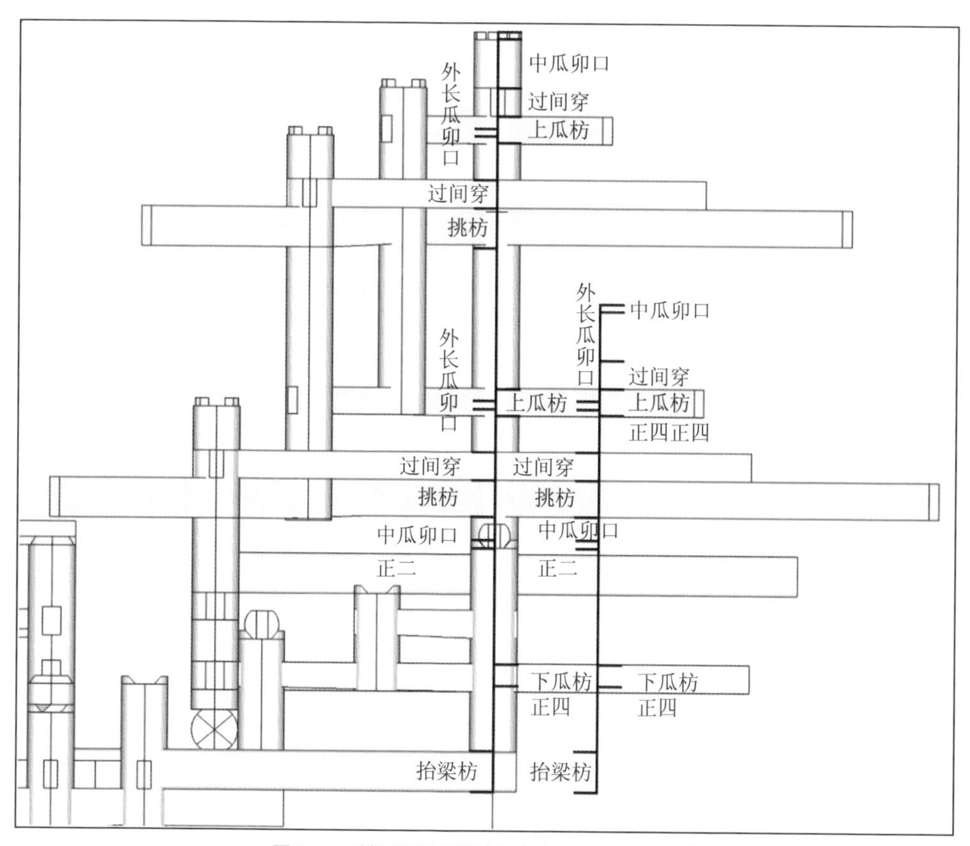

图6-10　某旱桥的杖杆（省略法绘制，李哲绘图）

第三节
风雨桥的用料经验

在风雨桥的营造活动中，掌墨师有一套自己熟悉的用料经验，包括砍树与剥皮、脱脂去汁、杉木取材、用料搭配、选料顺序与尾径要求、常用的卯口尺寸与构件尺寸等技艺方法或经验数值。

一、选材

根据大木构件不同的受力条件，风雨桥用材可分成以下几类：

1. 柱材与枋材

采用树龄长、圆直的杉木，最好是长在山阴处。柱子可选带节疤的木料。

2. 板材

用于铺设桥面、制作板凳及裙板等，要求平直、有弹性，多用杉木的芯材部分锯解。

3.瓜材

宜选用杉木的芯材制作,质地均匀,少节疤,便于雕饰。

4.椽皮

可使用边材或树龄短的杉木,但树龄短的木材容易霉变,需经常更换。

二、常用尺寸

1.常用的卯口尺寸(厚×宽)

①亭阁抬梁枋:(5.5~9)寸×(1.8~2.4)寸,其中厚度的级差为0.5~1寸,宽度的级差为2分,亭阁挑枋可参照,稍微修小。

②廊身挑枋:(5.5~6)寸×(1.6~1.8)寸。

③瓜枋卯口截面:4寸×(1.4~1.8)寸,宽度的级差为2分。

④穿枋卯口:3.8寸×1.6寸。

⑤板凳枋卯口:3寸×1.5寸。

⑥枋头:1.2寸×1.2寸。

⑦角柱的卯口宽度:1.6~1.8寸,厚度因构件而异。

⑧瓜柱柱眼卯口:1寸×(2.4~2.6)寸。

2.常用的构件尺寸:

①窗棂的高度:1.2尺。

②垫片的尺寸:3寸见方。

③扶手的截面尺寸:3.5寸×(1.2~1.4)寸。

④角柱的胸径不小于5.5寸。

⑤抬梁枋与太平梁一般选用7寸尾径的原木，下皮刨去5分皮，得5.5～6寸厚。

⑥屋面单椽皮的截面尺寸：(3～3.6)寸×0.75寸，屋面双椽皮的截面尺寸：0.9寸×0.9寸。

⑦长瓜的尾径不应小于3.6寸，以保证承接檩子的檐口尺寸为2.2～2.6寸。

⑧檩子的梢径为2.4～3寸，如系矩形断面，其高度不小于3寸。

⑨内瓜柱头在挑枋1.5～3寸处开始雕刻瓜花，瓜花长5寸。

第四节
风雨桥的营造流程

设计、施工两大工序有时交替进行。设计是事先模拟，但在实际操作中会出现木料不堪使用的情况，比如柱料不够高或梁料径不够大，此时掌墨师要更改设计。对于民间营造来说，通常只有在备料之后才能最终确定设计方案。方案确定之后，就可以排杖杆。排完杖杆意味着设计工作基本完成，进入建造环节。建造环节从开料单开始，到选料备料，再到画线、制作，最后是立架安装。

一、开料单

开料单的关键依据是开间尺寸及落地柱之高，由此可推导其余构件的用料要求。步骤如下：

①由开间尺寸换算出落地柱之间的横向距离。

②由横向距离推算落地柱所需木料的胸径。

③由木料的胸径及落地柱的材长决定木料的开料方式及所截取的部位。

④计算由上一步骤所得木料的尾径及材长。

⑤由落地柱所用的木料尾径及材长推算抬梁枋的卯口尺寸及其所需木料的尾径。

⑥由抬梁枋的卯口尺寸可得其余横枋的卯口尺寸。

⑦把构件所需的木材根数、长度、尾径记在料单上，便于备料时参考。

下面以某旱桥为例，介绍构件用料的推导过程：

①已知该旱桥的开间为3米（9尺），可得廊间两金柱的中心距离为3米。

②由金柱的间距可得其胸径不能小于8.4寸。

③如果是用6米长、尾径是5.4～6寸的杉木开料，可以按情况从其兜部往上截取。剩余的部分可做其余构件。

④由于金柱的材长按设计要求为3米，可得所截木料的尾径在6～6.6寸，先取大数6.6寸。

⑤把“金柱=12根×9尺×ϕ 6.6寸”标记于料单上。

⑥由金柱的尾径D可得抬梁枋的卯口宽度约为2.4寸（$0.3D$～$0.5D$）左右。

⑦抬梁枋的厚度由经验可得不能小于5寸，还要加上枋件在加工时所去掉的上、下皮尺寸，可得其所需杉木的尾径在6.6寸以上。

⑧抬梁枋的材长等于桥廊的开间尺寸加上柱径及出头尺寸，柱径先按6寸计算，两端出头按设计要求为1.2寸，可得抬梁枋的材长为9.84尺。

⑨把“抬梁枋=5根×9.84尺×ϕ 6.6寸”标记于料单上。

⑩由抬梁枋的卯口尺寸，推导瓜枋的卯口尺寸。瓜枋的卯口厚度比抬梁枋的卯口厚度小0.5～1寸，即3.5～4寸，宽度比最小抬梁枋的卯口宽度1.8寸小2分，即1.6寸。

⑪把“瓜枋=5根×6.63尺×4寸×1.6寸”标记于料单上。

⑫本案例的瓜枋、挑枋有多种，可以按照2分的级差来划分级数，按从下到上的高度顺序依次递减构件的截面宽度，构件的截面厚度可保持不变。

⑬按经验推导其余枋件的卯口尺寸及截面大小。

⑭把全部构件所需的木料的根数、尾径（截面尺寸）及材长记于料单上。

至此，本案例中整个构架的柱、瓜尾径及枋件的构件尺寸、卯口大小估算完毕，从中可见：

①柱、瓜尾径：本案为小型廊桥，长瓜可选用与檐柱相同尾径的杉木。金柱选用尾径比檐柱大1～2寸的杉木即可。

②卯口厚度：卯口厚度由卯口等级决定，卯口等级可按构件的受力关系及用料大小划分，结构构件的卯口厚度大于联系构件的卯口厚度。同为结构构件，则按位置划分，位于柱中间的构件比出挑部位的卯口厚度要大，位于底层的构件比位于上方的卯口厚度要大。本案的廊桥体量不大，选料时只需注意挑枋的卯口厚度比瓜枋的卯口厚度大即可。

③构件尺寸：桥廊的抬梁枋为圆枋，枋的直径等于卯口厚度加

1寸。其余枋件的厚度等于卯口厚度，宽度可参照柱身尾径及穿过同一部位的不同方向的构件总数决定，一般为0.3D。上、下枋件的宽度可根据经验按一定的级差，如2分，从下至上依次递减，枋件的宽度不小于1.2寸，上、下枋件的厚度可不变。

二、备料选材

在本案例中，掌墨师只备了一次木料，选用的是从附近林场购买的树龄短杉木，木料的材长不超过6米。在这次备料中，掌墨师先选定落地柱的木料，再选定挑枋的木料，最后选定抬梁枋的木料，其余构件所需的木料要求不高，较易挑选。掌墨师具体的备料细节如下：

①落地柱先挑金柱，再挑檐柱，按料单的要求选购。如果材料不满足要求，可购买现有最大尾径的木料，并在料单的相应位置标注所购木料的尾径及材长。

②本案的挑枋、瓜枋有多种，选料时，分别按其最大枋件的尺寸要求购买木料，可得其所需的木料尾径为6.6～7.2寸。

③统筹主要构件所用的杉木兜径及尾径，必要时可按构件截取的材料位置测定，并把数值过画到料单内相应构件的材长上面。

④测量柱、瓜所用的杉木胸径D，估算材料最大的卯口尺寸(0.5D)，并把数值过画到料单内相应枋件的截面尺寸上。

⑤测量所有木料的材长及尾径，根据材积表的记录，以立方米为单位，算出工程所用的杉木总量。譬如，瓜柱所用木料的材长为8米、木料直径为3.6寸，则其材积值为0.08米^3，在料单上的记录为“瓜柱的杉木用量(米^3)=x(根)×y(米)×ϕ 3.6(寸)×0.08”，同理可得其余构件的杉木用料。

三、画墨

在刨好的原木上弹中线，把杖杆的卯口厚度过画到柱身上。由于柱身较长，木头不可能很直，若以头、尾中点连线向两边平分卯口，则卯口会有一边宽一边窄的现象，这时就要根据柱身的偏折情况多次弹中，使卯口尽量位于中间部位。一般进深方向的一面要直，避免前后的联系构件兜不进卯口。卯口要画三圈墨线，两线之间标上“○”或“×”，“○”表示打通，“×”表示凿下一半，并在卯口线上标画收分线。按照墨线开卯口，一般先用电钻打眼，再用镐、凿开卯口。

柱身卯口开好后，要根据这些卯口尺寸制作榫头。为确保卯口和榫头严丝合缝，掌墨师一般采用竹签法。先用卡板配合竹签，讨卯口尺寸。竹签有竹青与竹黄两种，竹青用来记录枋的卯口尺寸，竹黄用来记录穿的卯口尺寸。一般为8分厚，略长于柱兜径。其正面标记卯口所在柱身位置的直径、中线的位置；侧面标记卯口宽度及收分尺寸，数值大小为签头到记号的距离；背面标记半通榫的榫肩深度，标记方法与侧面相同。除了标记符号外，还要在签头处标注卯口位置，一般使用26个墨师文，常用的有“前、后、左、右、上、中、下、天、土、瓜、梁、枋、柱”等13个文字，格式为：“排架及柱子位方位+卯口位置+柱类+枋类”。譬如，“右前三言(檐)欠”，表示过间穿(欠方)的卯口位于桥廊或桥亭右侧排架的前檐柱上，并从檐柱底往上数到第三个位置。

最后，掌墨师分别把横杆及竹签的尺寸过画到枋料上及枋头上，此即讨(退)签。之后，把竹签收纳好，每根柱子的竹签按卯口从下到上的顺序捆在一起。

四、构件细部及榫卯处理

榫卯的做法甚为成熟，常按规制化的经验处理。

1. 构件细部尺寸与做法的常规性处理方法

①柱头、瓜头的卯眼（椀口）宽度不小于2.2寸，一般为2.4～2.6寸。

②枋件榫头的出头长度为1.2～2.4寸，枋件榫头的出头厚度为原榫头的厚度减去1分，或为原榫头厚度的2/3。

③挑枋的出挑距离为1.8～2.7尺，丁字拱的出挑距离一般为1.2～1.5尺。

④挑枋的檩椀位置距外皮3寸左右，深度为5分。

⑤檩条的兜径同梢径相差很大，一般按尾—尾连接。如果檩子为头—尾连接，要把头部削平或在尾部加楔木找平。

2. 榫卯的细部处理与交接方式（图6-11）

①横向枋件的卯口厚度如果在杖杆上未注明收分，按构件是否起主要受力作用做相应处理。对于抬梁枋、瓜枋等主要受力构件，宜收分1分，对于过间穿等联系构件，卯口收分可放松标准，但不得超过5分。

②如果枋件穿过多根柱子，如挑枋、瓜枋，一般在进来的第一根柱身的卯口两头进行收分处理。

③如果柱身的卯口位置上下紧贴，则要注意卯口在柱身上的收分方向。譬如，抬梁枋与长挑枋在金柱上的卯口位置上下紧贴，抬梁枋的卯口是由金柱内侧（桥廊内）往外侧（桥廊外）收分，长挑枋的卯口是由金柱外侧往内侧收分，竹签“退制”榫头尺寸时要注意。

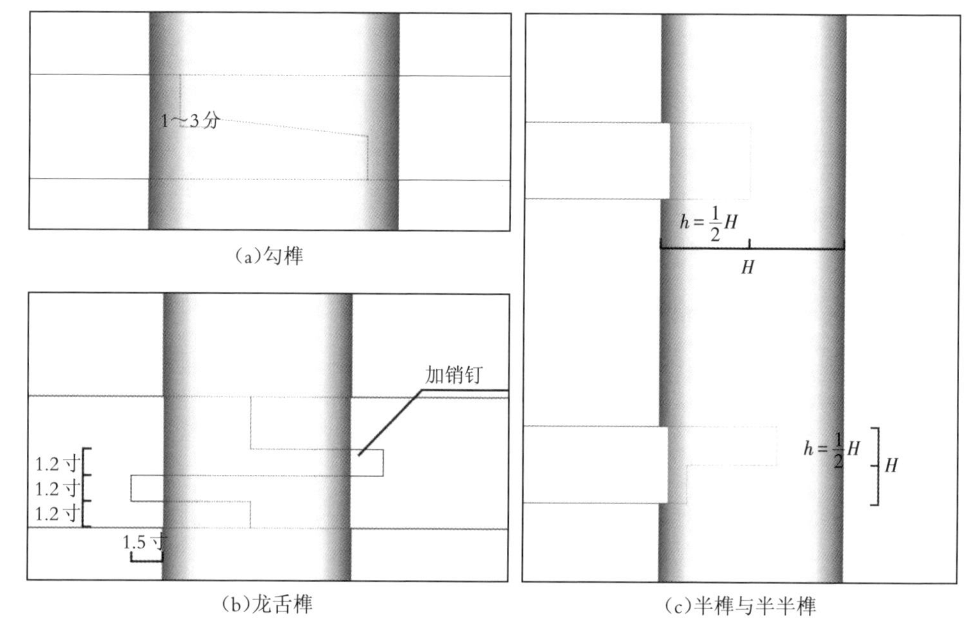

图6-11　榫卯示例(李哲绘图)

④如果穿、枋的榫头收分尺寸比柱身卯口的收分尺寸要大,为了保证整体榫卯的咬合牢固,一般在穿、枋经过的首个进、出柱身的卯口下皮采取木锤击打的方式嵌入楔木,使卯口撑满,增强卯口与穿、枋之间的摩擦力。

⑤如果穿、枋穿过多个柱身,为了保证整体构架的牢固,一般在穿、枋的两端出头的榫头上皮或侧面开孔,孔洞可为直通孔或半通孔,孔洞尺寸的长、宽分别为7分和4分,并在孔洞处扣入销钉,以卡住出头处的榫头位置,避免榫卯因受侧向力而脱开。

⑥抬梁枋(桥廊)之间的榫头连接方式为半通榫,少量采用龙舌榫。廊桥过间穿之间的榫头采用勾榫或公母榫连接,并扣入销钉固定。如果廊桥上架的瓜枋为挑枋向内延伸而成,其榫头的连接方式可用龙舌榫连接。

⑦檩子之间的榫头连接方式为燕尾榫连接。插入雷公柱的瓜枋采用全通榫、半榫或勾榫连接。

五、排架

先在地面上拼装整榀构架，再将其竖立起来的工作，工匠称之为“排架”。

排架之前应进行施工准备，包括检查已制作完成的构件并加以分类堆放，对工作人员重新分工，以及准备麻绳、戗杆等排架工具。完备的施工队伍一般设有木工组、架子工组、起重工组、瓦工组及辅助工组，由掌墨师担任指挥。之前的杂工组（负责砌墩、烧瓦、架大梁的工匠）可拆分至上述各小组。

排架一般从中亭开始，再依次排两侧的亭阁。完成亭阁排架后，再排廊架，亦按先中间、后两边的顺序进行。亭阁的排架之法如下：

①排主体横架。先将抬楼枋的两端榫头从金柱的内侧卯口穿出，再将底层挑枋从檐柱卯口外侧穿进，并插入金柱柱身。

②安装纵向枋。先在两根金柱顶端绑好麻绳，拉立横架，抬至柱墩之上，用戗杆固定；再在两横架之间穿斗过间枋。之后，拆除戗杆。

③安装瓜、枋等。从横架的顶端开始立瓜穿枋，先立中瓜，再立两侧瓜柱，最后穿串瓜枋。用同样的方法安装两侧重檐的瓜及瓜枋。

在整个立瓜穿枋的过程中，架子工组在地上用荡锤撞击配合安装；辅助工组要在架上安装定滑轮，从下往上运输构件，配合木工组的安装。

在所有构架安装完毕后，木工开始排架，按从下到上的顺序，在各柱、瓜卯眼上搁檩并铺设椽皮。铺好椽皮后，瓦工组着手盖瓦。在上述工作完成后，将桐油及锅灰混合煮熟后给木料上漆，一年后构件自然变黑且不发亮。

第五节 风雨桥的营造仪式

风雨桥的营造仪式基本与鼓楼相同,这里只对其中几个比较特殊的仪式进行简要介绍。

一、奠基仪式

风雨桥的基址选好之后,要举行隆重的奠基仪式。

奠基仪式同样需要选择良辰吉日举行。奠基仪式隆重而具有神秘色彩,这一天全村男女老少聚集到现场观看奠基仪式。祭品通常是猪头、鸡、草鱼、禾把各一,酒杯5个,筷子5双,摆在祭坛上。祭师倒酒上香,烧化纸钱,念诵祭文,祷告神灵。一串鞭炮燃放之后,村寨中最年长者砌第一块石头作奠基石。在奠基时,在桥中墩的基脚要摆放一些祈求桥梁稳固的吉祥物件。这些物件放在凿好的两块对合的圆形料石之中,里面放一尊3寸长的银制神像,且面向东方,3个口径1寸的银碗,3双3寸长的银筷子和1只银制千脚虫。神像是护桥之神,而银碗和银筷子表达了人们祈求人丁兴旺的愿望,千脚虫因其附在石上任河水冲刷而不掉落,表达了侗族人民要桥墩千秋永固的愿望。当这些物件由祭师从老者手中接过来摆放好后,祭师焚香点纸,念诵安神祭

词。三通炮响后，芦笙队吹奏芦笙，整个工地一片欢腾，工匠们开始动工砌石头。

二、开工仪式

风雨桥的建造同样要事先选好吉日和吉时。开工仪式通常由掌墨师和寨中德高望重的长老共同主持。仪式需要提前准备下述物品：墨斗、锯子等木工常用工具；鱼、猪头肉、糯米；有钱币符号的草纸、侗布、酒杯；“利事”（钱币）、禾把、清水等。

在掌墨师选择的吉日，他用罗盘勘查好吉时中的吉方位之后，就开始焚香敬酒，“请”（祭祀）鲁班祖师，再“请”过世的历任掌墨师“到场”，并杀鸡祭祀，然后把5尺长的圆木架在新木马上，将圆木用墨斗弹墨并念咒语“开墨”，此后其余匠师才能开始造桥工作。

三、发锤仪式

开工仪式结束之后，还要进行发锤仪式。掌墨师要提前准备一个新的木锤，首先由主持仪式的长老念诵感念祖师的祷词，再接过由掌墨师递过来的雄鸡，继续默念祷词。祷词念诵完毕，随即用斧头将鸡杀死，然后将鸡血洒在中柱和大梁上。在洒鸡血的同时，仍然要默念祷词。洒完鸡血之后，长老再用新的木锤在大梁上连续敲击三下，每敲一下，念一句祷词，最后一句以“开炮”结束，这时参加仪式的人们会燃放鞭炮并欢呼吆喝。这时，长老通过燃香、焚纸、倒酒等一系列动作，完成整个发锤仪式。

四、踏桥仪式

风雨桥正式启用之前，要举行踏桥（也称“踩桥”）仪式，与汉族的剪彩仪式类似。

踏桥仪式的具体程序各地有所不同，时间也有长有短。

广西三江县的程阳桥建成时，踏桥仪式就包含了“道场”的内容，这明显受到了汉族地区的影响。道场要做五天五夜，通过请道士念经拜禅的方式，感谢和祝福那些在建桥工程中做出了财力、人力贡献的人士。道场期间全寨吃素，五天之后才可开斋，并进行娱乐活动，如表演“哆耶”、上演侗戏等。

程阳桥举行正式的踏桥仪式前，村民预先制作了一块用红色和靛蓝色的植物蜡染而成的侗布，长度大约有12丈。这块侗布从中央的桥亭分别延伸至桥的两端，把桥面完全覆盖。这块看似平凡的侗布，在侗族人的观念中却是“阴阳桥”的象征，也就是灵魂重生的通道，它必须由家庭美满、多子多福的妇女亲手制作。参加踏桥仪式的人们，在主持人的率领下，脚踩侗布，嘴颂吉祥，手撒钱币，依次走过桥梁长廊。他们认为这个仪式既可以帮助“转世灵魂重生”，又可为村寨带来吉祥平安。

前来参加踏桥仪式的人，也要送来一些吉祥物悬挂在桥梁上，也有人献上红包作为修建新桥的捐资。

除了在桥面上举行仪式之外，在桥下的河边还要举行“踩火炭”或“油锅洗手”之类的仪式。这类仪式具有较强的娱乐性质，有助于渲染吉祥平安的气氛。

第七章 侗族禾仓营造技艺

第一节
禾仓的类型和主要构件

一、禾仓的类型

常见的禾仓可以分成两种类型:基本型和扩展型。

1.基本型

所谓基本型,也就是由4根立柱支撑、底层架空的矩形立方体(仓体)。绝大多数禾仓都属于这种类型。

这种类型禾仓的基本构成方式:在4根立柱的中部及顶部用木枋连接,构成一个底层架空的矩形立方体框架,再在框架底面上铺设木板构成禾仓的底板,然后在框架四周用木板进行围合,顶部用一个悬山式(也有少数用歇山式)屋顶加以覆盖,封闭的仓体即告完成。早期屋面材料大多是杉树皮,后来逐步改用小青瓦(图7-1)。

图7-1　最简单的禾仓(杨昌鸣摄影)

图7-2　利用木板搭成的禾仓小平台(杨昌鸣摄影)

图7-3　双层禾仓(杨昌鸣摄影)

图7-4　联排双层禾仓(杨昌鸣摄影)

在这种基本型的基础上,又派生出一些变化形式,其中主要有以下几种:

①将禾仓的底板向外悬挑伸出,或者利用在出挑的底层穿枋上搁置几块木板,构成一个可供人行走的小平台(图7-2),类似没有栏杆的走廊,侗语读音为“并所”。这种小平台的出挑方向随主人意愿确定,有单面、双面、三面或四面之分。单面走廊一般设置在开设仓门的一侧,宽度只有40～60厘米,主要是为主人提供存取粮食时的临时落脚之处。四面走廊的宽度则要能够满足主人挑担行走的要求。

②在基本型的基础上增加层数,可形成两层或三层的仓体(图7-3),可以在不增加占地面积的前提下增加储藏的容积。

③在基本型的基础上横向扩展,可构成两个或多个联排仓体(图7-4)。虽然这时候立柱已不止4根,但在形制上没有发生变化。其优点是可以节省材料。这种类型通常会出现在一个家族禾仓之中。

2.扩展型

所谓扩展型,是指在四柱型的基础之上,在其前、后、左、右不同方向上增加立柱使禾仓(而非仓体本身)的平面得以扩展的类型。这种类型通常出现在禾仓与禾晾架相结合或需要有一定的晾晒空间的场合。当然也有仍然采用四柱的形式,而只是利用悬挑的廊加上晾杆来解决晾晒问题的做法,但数量较少(图7-5)。

图7-5 在悬挑的廊上设置晾架的禾仓(杨昌鸣摄影)

为了充分利用空间,有的禾仓把禾晾架与禾仓组合在一起,这样就形成了禾仓的一种变化形式,使之同时具有了晾晒与贮藏的双重用途。仓体四面不一定都设置晾架,四面设置晾架(图7-6)的做法目前已不多见。

图7-6 四面设置晾架的禾仓(杨昌鸣摄影)

立柱增加之后,禾仓的面积增加,但仓体的容积本身并不一定增加,只是增加了主人的活动范围,更重要的是增加了晾晒的面积。

晾架的具体做法:在立柱之间插入横截面为圆形或方形的木杆(也称“晾杆”,直径8～10厘米),晾杆的间距为38厘米左右。

有时，侗族人民还在晾架的外侧设置侗语称为“朗拔”的栅栏。这种栅栏的主要用途：一是防盗；二是阻挡家禽，以免晾晒的糯谷被其啄食。栅栏的高度随主人的意愿而定，一般在20～60厘米。因加工方式不同，栅栏的栏杆既可能是直棱的，也可能是圆形的。栏杆的直径为6厘米左右，间距为10厘米左右。

二、主要构件

侗族禾仓从功能上可以划分为两大部分，也就是仓体部分和结构部分。其中各个部分又包含若干不同的构件，简述如下：

1. 仓体部分

禾仓的仓体部分实际上是一个四面用板壁围合的立方体空间。除了围合仓体的板壁之外，它还有一些附属构件。

(1)仓门

仓门，也就是用于封闭禾仓出入口的木门(图7-7)，侗语称为“舵所”。禾仓的仓门一般都不太大，多数位于中间位置，但也有偏置一隅的情况。仓门的开启方式不尽相同，依主人的意愿而定。

图7-7　禾仓的仓门(杨昌鸣摄影)

(2)板门

板门在侗语中读作“舵棍”,是指从首层通过晾梯到达二层时需通过的门,在禾仓有晾台的情况下才存在,而且绝大部分的板门是开在水平晾台上的,即需向上推开板门,方可到达晾台地面。

(3)长木锁

专门用于封闭仓门的构件,其实就是配置有木插销的一根杉木杆(图7-8)。关闭仓门之后,用木插销将这根木杆加以固定,横向挡住仓门。需要打开仓门时,再用木锤敲击木插销,将其取出,横杆才能移除。这种锁闭构件虽然简单,但因为需要使用重力敲击,既增加了开门的难度,又可以利用敲击发出的声音起到震慑或警示的作用。

随着时代的发展,长木锁已经逐渐被简单的门闩所取代。

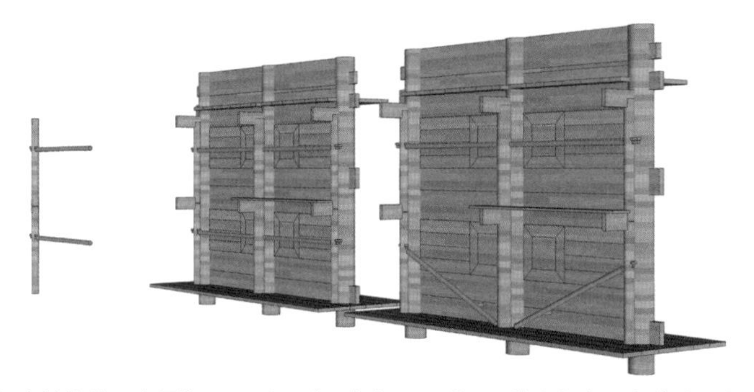

图7-8 长木锁构造示意图(依据叶宝聪《黔东南从江、榕江、黎平侗寨禾仓建筑衍变研究》改绘)

2.结构部分

禾仓的结构(图7-9)部分除了起支撑维护作用之外,还有交通运输及晾晒的功能。

(1)柱子

由于禾仓需要较大的承载力,因此柱子的断面尺寸较大。

出于防潮的考虑,人们对禾仓柱子的基础有一定的要求,常常会采用石块等砌成高出地面的基座。

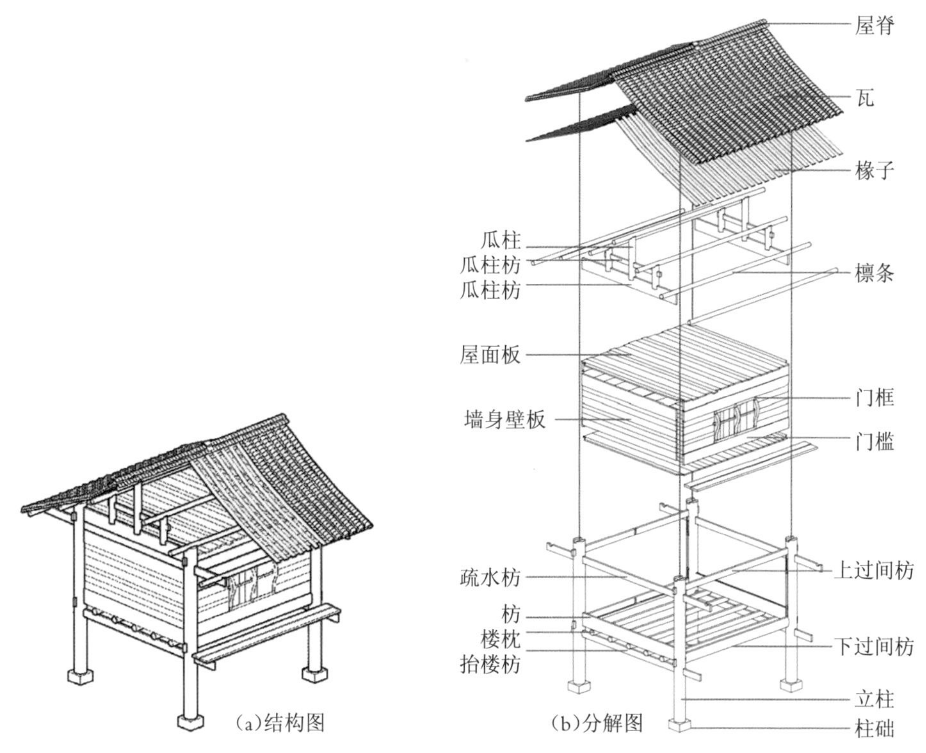

图7-9　禾仓结构分解示意图(辛静绘图)

(2)穿枋

禾仓的穿枋是承载楼板和屋面荷载的主要构件,同样有承重的要求。但由于禾仓的进深不大,所以穿枋截面也不会太大,其高度一般控制在160～240毫米,宽高比为1∶4～1∶3。屋架部分的穿枋尺寸会相应缩小一些。

(3)檩条

禾仓的檩条基本都是用比较细的杉树干简单加工而成,檩径一般不超过160毫米。

(4)楼枕与楼板

楼枕,也就是禾仓中用于承托地板的小梁,其断面有圆形和矩形两种,依据掌墨师的喜好而定。楼板的厚度取决于跨度大小,宽度及长度则依据材料的具体情况来定。

(5)栅栏

禾仓外围的围护构件主要用于防盗或阻隔飞禽。高度根据主人的意愿确定,一般不超过2米。

(6)晾架

晾架,也就是设置在禾仓上的禾晾架。晾架上的横杆横截面有圆有方,直径/边长为80～100毫米。

(7)晾台

晾台,实际上是指仓体与晾架之间的半室外空间,主要用于晾晒粮食或放置各种杂物。

(8)廊

廊同样是由仓体向外延伸的半室外空间,但宽度很窄,主要解决运送粮食入仓的交通问题。

第二节 禾仓的营造流程

侗族禾仓的营造过程与侗族民居的营造过程最大的不同在于,由于相对简单,营造禾仓不用聘请掌墨师,一般的木匠都可以胜任,有时甚至由主人亲自操刀。风水师曾经在禾仓营造活动中占有一席之地,但随着时代的发展,他们已逐渐退出这一舞台。

禾仓的营造流程主要有以下几个步骤。

一、选择基址

当主家决定要建造禾仓时，首先要依据用地条件选择禾仓的基址。

二、确定规模

基址选定之后，主人还需要根据自己的经济状况及实际需求来确定禾仓的规模，进而与木匠共同商讨确定禾仓的开间和进深尺寸，并以此为依据筹集或砍伐相应数量的木材，并根据选定的基址情况开采相应的石料用于地基处理。

三、地基处理

木匠会对主人选定的基址进行地基整理。如果是在水塘上建仓，整理地基的工作相对简单；如果在村外坡地上建仓，地基的处理就需要花费工夫了。

四、制作构件

材料准备齐全之后，就可开展前期制作，包括柱、枋、梁等大小构件的制作，以及各种榫卯的加工。依据加工精度要求，这些工作有的请专业木匠承担，也有的由主人自己或其亲友动手完成。

五、立框架

构件加工完毕，就可逐一组装排架，并多人合作，将排架竖立起来[图7-10(a)]。

与侗族民居类似，禾仓的建造基本上有整柱建竖和接柱建竖两种方式。两种方式各有优点，通常由主人根据规模及场地情况来确定。

采用整柱建竖方式建造禾仓的常规做法：在空地上将预先制作好的构件拼装成单榀排架，再将组装好的排架采用众人拉拽的方式竖立在地基上，然后逐一将穿枋插入排架上预留的榫眼中，完成排架的连接。这种做法常用于对精确性要求较高的场合，例如多层或多仓体的禾仓。

接柱建竖与整柱建竖的最大差异就在于，它并不是预先拼装整榀排架，而是先在基础上把底层的柱子竖立起来，同时在柱子顶部插入穿枋构成一个矩形的框架，然后在这个框架上继续穿插上层的短柱和穿枋，最后完成整个禾仓的框架。相对而言，接柱建竖对精确度的要求不太严格，而且可以分阶段陆续组装，在施工周期上比较灵活，通常用于比较简单的单仓体禾仓，有时也可用于双仓体禾仓。此外，由于不需要多人拉拽竖立排架，在施工场地比较局促的场合尤为适用。

六、垫基础

由于构件制作难免会有一些误差，因此在禾仓的排架搭接组装完成之后，人们还需要进行微调校正。其方法是将排架局部抬高，通过在柱脚处塞垫木块或石块的方式，使排架基本上保持水平状态[图7-10(b)]。

七、装板壁及地板、天花板

安装板壁及地板、天花板[图7-10(c)]的工作可以在搭建屋架及铺设屋面之前、同时或之后进行。

从粮食贮存的角度来看，禾仓的封闭性能至关重要。禾仓的板壁安装，一般采用将加工好的木板水平叠置的安装方式。采用这种方式的好处是，由于木板不可避免地会出现干缩的现象，水平叠置的木板在干缩之后自然下垂，木板之间的缝隙将得以有效减少，大的缝隙会集中出现在墙板的上部，届时只需对这一部分缝隙加以填充即可，从而减少填补缝隙的工作量。

由于板壁要安装在已经固定的框架内，所以在具体操作中，木板不是水平安装，而是需要倾斜一定的角度才能逐层向上叠置安装。但这样的安装方式也会带来一个问题，那就是当安装最上面的一块木板时，框架与板壁之间的缝隙已经不大，按照常规方式已经很难将其安装进去。在这种情况下，侗族木匠采用在立柱上开凿透榫口的方式，将长木楔从透榫口敲进去，直至板壁与框架之间的空隙填满为止。

这种长木楔也被用于墙板与地板之间的连接。木匠一般会在墙板与地板之间预先将一根长木楔打入一半，待地板出现干缩之后再将整根木楔全部打入，使墙板与地板结合得更加紧密。

为了加强板壁的封闭性和稳定性，有时在板壁的底部或腰部会设置一些较厚的板材，其截面通常是钝角三角形或是半圆形，也可将其称为“加强枋”。

由于有了操作面，对工艺的要求也不是太高，主人完全可以利用空闲时间独立完成，因而不受时间的约束。在经济条件有限的情况下，板壁安装的工作可能会持续很长一段时间才能全部完成。

相对于板壁而言，禾仓对于地板的要求更高。地板既要满足承重的要求，也要满足密封的要求。因此，无论是材料选择，还是加工安装，都必须予以特别的重视。

为满足上述要求，禾仓的木地板都是采用企口榫来连接。采用企口榫虽然费工费力，但连接的效果好，可以将木板干缩带来的不利影响减少到最小。

禾仓天花板的安装方法与地板类似，不再赘述。

如果禾仓有设置禾晾架的需求，则可根据需要设置相应的晾杆以及栅栏。

八、立屋架

底层框架或排架拼装完成之后，就可以开展屋架的架设程序。

与侗族住宅相似，禾仓的屋面也可分为直线型及曲线型两个大类。

一般小型禾仓都会采用直线型屋面，这种屋面对屋架的要求简单，不需要做出举折变化，坡度通常控制在5分水（也就是进深与举高之比为2:1）左右。在这种场合，屋架大多数是采用“大叉手”（也可称为“斜梁式”）的形式，所有的檩条都直接架设在斜撑上，施工比较简单［图7-10(d)］。

规模较大且采用整柱建竖方式建造的禾仓，大多会采用曲线型的屋面。其坡度同样是“檐四中五六”，一般通过增设的瓜柱加以调节。

九、搭椽瓦

屋架设置完毕，下一道工序就是钉椽子（也称“椽皮”）［图7-10(e)］。

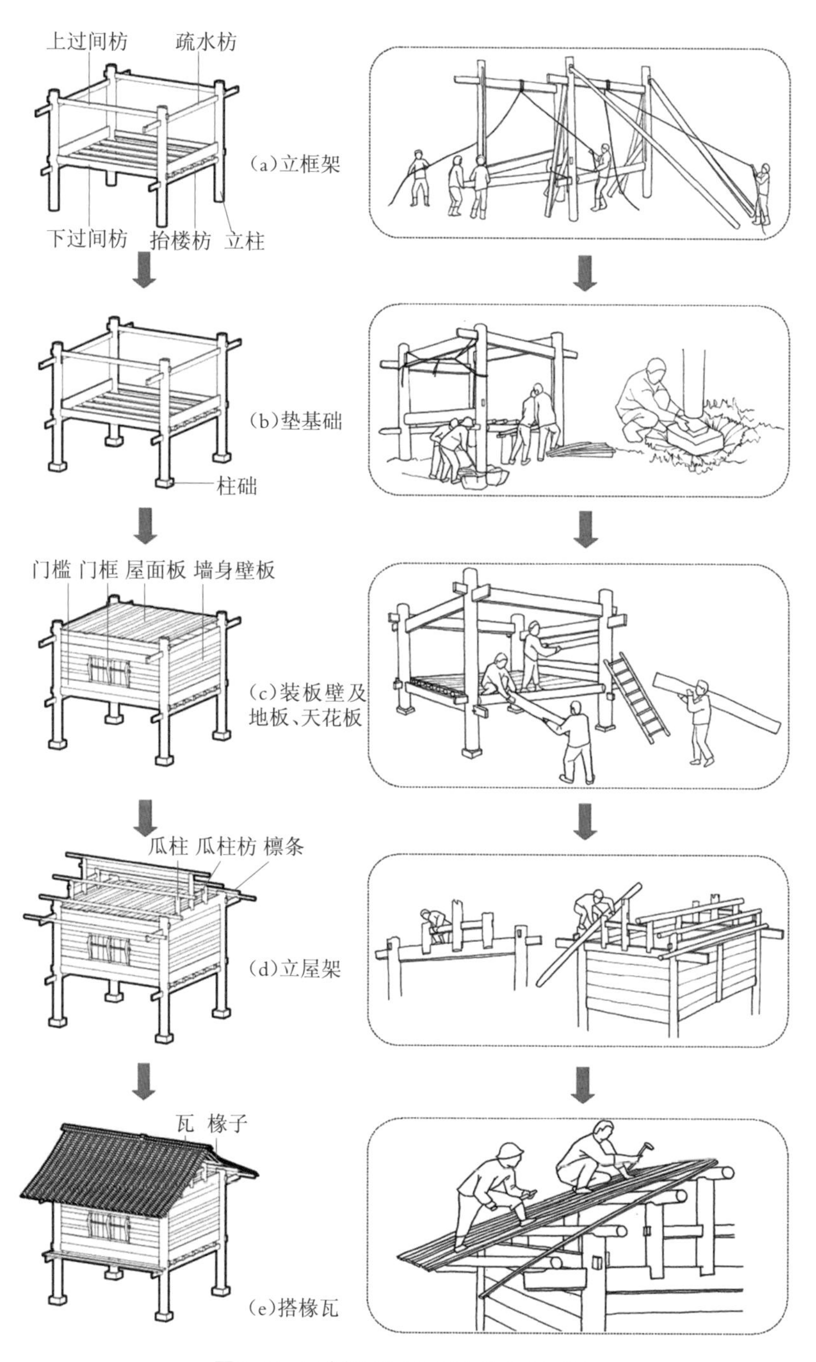

图7-10　禾仓施工流程示意图(辛静绘图)

椽皮一般用杉木,宽度10厘米左右,厚度为2厘米左右,用钉子直接钉在檩条上。

椽皮钉好之后,再在上面铺设树皮或茅草即告完工(图7-11)。目前禾仓的屋面基本上已改为小青瓦。

图7-11　用树皮覆盖屋顶的禾仓(王树和摄影)

十、制作仓门和仓梯

这是禾仓建造的最后一个工序。

禾仓的仓门无论是大小还是位置都没有一定之规,锁闭方式也各有不同。

仓梯的制作比较自由,简陋的可以只是一根树干,在上面砍出几个缺口即可。

结语

侗族传统木构建筑营造技艺传承与挑战

侗族传统木构建筑营造技艺是在长期的探索过程中逐渐发展形成的，它的艺术成就独具特色，在我国非物质文化遗产宝库中占有重要地位，值得珍视和不断传承。

令人欣慰的是，由广西柳州市以及三江县牵头申报的“侗族木构建筑营造技艺”于2006年被列入第一批“国家级非物质文化遗产名录”之后，贵州黎平县和从江县申报的这一技艺又在2008年作为扩展项目被列入该名录，不仅使侗族木构建筑营造技艺的文化价值得到了国家层面的肯定，也引发了社会的广泛关注，为这一非遗技艺的传承和发展奠定了良好的基础。

一、传承

1.传承人

非遗技艺的传承，关键是传承人。

截止到2020年年底，“侗族木构建筑营造技艺”国家级非遗传承人共有三人：分别是广西三江县的杨似玉、杨求诗，贵州从江县的杨光锦。省级传承人则有广西的吴承惠、何绍堂、杨梅松，贵州的陆文礼等。湖南目前尚无“侗族木构建筑营造技艺”省级传承人。县、市级的传承人数量较多，他们也是传承工作的主要后备力量。

2.传承情况

自从“侗族木构建筑营造技艺”被列入第一批国家级非物质文化遗产代表性项目以来，有关部门采取了多项措施开展对非遗技艺的保护和传承工作。传承活动主要在两个层面展开，一是已获认定的各级代表性传承人的传承，二是尚未获得代表性传承人认定的民间传承人

的传承。

各地都加强了传承人队伍的建设和管理工作。

首先,做好代表性传承人的认定工作和队伍建设。除了省级出台相应的“认定与管理办法”之外,许多州、县也都出台了各自级别的“认定与管理办法”,也有的地方是参照省级“办法”来开展本级传承人的认定与管理。目前,一批高素质的传承人得到了不同级别的认定,代表性传承人队伍初具规模。

其次,加强对各级传承人的管理工作。通过出台细化目标式管理办法,进一步激发代表性传承人传承的积极性,同时也增强他们的责任感和使命感。

传承活动主要从以下几个方面展开:

对已经认定和尚未认定的传承人进行定期或不定期的集中培训是传承工作的重要途径之一。例如,“贵州鼓楼风雨桥技艺传承人高级研修班”就是由贵州省民族宗教事务委员会和贵州省文学艺术界联合会联合举办、贵州省民间文艺家协会承办、黎平县民族宗教事务局协办的。培训内容包括“鼓楼及风雨桥的传承与保护”“鼓楼及风雨桥文化创新和建筑工艺发展及在园林艺术中的应用”等。

广西在三江县等地组织开展多期贫困地区木构建筑传统工艺技能培训。三江县的第一批国家级传承人杨似玉,也已无偿开办侗族木构建筑营造技艺传习班,并坚持带徒实践,培养了上百名传承人。

居住在湖南怀化市通道县坪坦乡高步村的吴庆雄掌墨师,从其亲属以及坪坦乡的年轻人中招收了十余名徒弟,教习木工,并组建了坪坦乡工程队,除了为湖南怀化市、广西三江县的民俗园设计一些民族建筑外,主要承接的是坪坦乡下辖各村及临近村落的公共建筑项目,在一定的地域范围内形成了较为稳定的技术风格,为技术传承奠定了较为坚实的基础。

有的职业院校把侗族木构建筑营造技艺引入课堂,邀请一些侗族木构建筑营造技艺非遗传承人来校授课,同时也帮助他们提高文化水平。柳州城市职业学院建筑工程与艺术设计系专门成立了“柳州市侗族木构建筑营造技艺研究与传承基地”,通过收藏、展示侗族木构建筑中的重要作品模型、建造工具等,以及定期举办专家讲座和技艺展示等方式,向社会宣传这一非遗技艺,同时也收集整理相关的文献和数据为研究工作提供方便。

这些举措虽然层次不同、方式各异,但无疑都为侗族木构建筑营造技艺的传承创造了良好的条件。

3.存在问题

由于侗族木构建筑营造技艺的主要传承方式是家族传承和师徒传承,因而在培养传承人方面也存在着一些具体问题。

第一,难以大批量培养传承人。侗族传统木构建筑营造技艺的传承有两大限制性因素:一是口传心授,二是经验积累。前者无论是家族传承还是师徒传承,都有人员数量的限制;后者则需要有足够多的实践机会。

第二,传承渠道单一。限于理解能力的不同,同一位师傅的口传心授很难保证不同的学徒都能得到同样的启迪,因而也会影响到传承的准确性和完整性。

第三,缺乏技术标准体系。同样是传统木构技艺,由于地域及传承人之间的差异,在具体的构造做法或验收标准方面也有一些差异。再加上这类木构技艺目前还没有国家认可的统一的技术标准,所以也难以纳入主流建筑设计、施工、管理体系,这些因素对于这一技艺的传承和推广都构成了一定的障碍。

4.应对策略

针对上述问题,有关方面提出了一些应对策略。

一是做好代表性传承人的思想工作，跳出家族传承和师徒传承的窠臼，逐步建立“科班制”培养体系，借助院校的力量，为批量培养传承人创造基本条件。

二是鼓励传承人把自己的经验转化为文字，以教材的形式呈现给学员，将原有的经验性积累提升到理论高度，加强传承的准确性和完整性。但是，由于大多数代表性传承人的文化水平不高，需要配备必要的力量加以协助。国家级传承人杨似玉就曾感叹：“我也想写一本书，但文化水平不够。”

三是改进培养方式，利用现代科技手段，例如计算机技术、大数据等，通过数字模拟建造等途径，弥补实际经验的不足。

事实上，现在已经有一些年轻的传承人掌握了计算机绘图技术，将传统的杖杆绘制与计算机绘制施工图相结合，为提高建造的精确度奠定了良好的基础。例如，杨似玉的儿子杨彬旅，就是一名“80后”，他除了家族传承外，还学习了现代建筑设计知识，能够把CAD制图、3D效果图制作等引入古老的“无图纸”木构营造技艺之中。

此外，借助BIM技术，现在可以很便捷地在屏幕上把各种复杂程度的鼓楼、风雨桥建造起来，传承人不仅可以直观了解不同位置的榫卯结合情况，也可对建造的整体流程有全面的把握。

四是加强标准化建设，通过数据整合，逐步将主要建筑构件模数化、标准化，先行研究和探索制定地方标准，进而建立全国统一技术标准，并与现行国家规范标准相衔接。

随着产业化进程的不断加速，越来越多的传承人已经初步学习了建筑设计、建筑工程招投标、项目验收等工程业务知识。可以预想，随着年轻一代对现行建筑标准体系的不断熟练掌握，在构件标准化、模数化的基础上，侗族传统木构建筑营造技艺的统一技术标准很快就可实现。

二、挑战

在充分估量侗族传统木构建筑营造技艺的独特成就的同时，我们也不能不注意到它本身所具有的某些局限性。较为突出的问题之一就是木材的易燃性，这导致侗族村寨家家户户随时都可能发生火灾。尽管现代的消防设施较之过去有了很大的改善，但传统的密集聚居生活习俗也给木楼的防火工作造成了一定的困难。随着人们生活条件的逐步改善和生活习惯的逐步转变，侗族人民的炊事用火已经出现了由火塘向炉灶、由楼上向楼下逐渐过渡的态势。这虽然可以对木楼的防火工作产生一定的有利影响，但并不能从根本上解决问题。此外，传统木楼的一些构造方面的缺陷，例如隔音差、不节能等，也在一定程度上对侗族群众的日常生活造成了困扰。

因此，随着时代的发展，用其他不易燃烧的建筑材料来取代杉木，并且对传统的构造处理方式进行必要的修正，也是一个必然的发展趋势。这种变化，不仅能有效减少火灾的威胁，也可有效提高人们的居住质量。

不可否认，其他建筑材料的引入以及构造措施的修正，势必会与原有的干栏式木楼的传统营造技艺产生较大的冲突，从而对这一非物质文化遗产的传承构成极大的威胁。

令人欣慰的是，目前有关方面正组织专家学者对这一问题开展专门的研究，其主要目标就是要在保持侗族传统木构建筑营造技艺传承的前提下，使侗族人民的生活环境得到显著的改善和提高。

我们相信，在不远的将来，一种既能传承侗族传统木构建筑营造技艺，又能适应现代化生活条件的侗族居住建筑体系，将会以崭新的面貌出现在山清水秀的侗乡。

参考文献

[1] 阿土.侗族的风雨桥[J].贵州民族研究,2003,24(4):168.

[2] 冰河.侗族鼓楼与风雨桥特征浅论[J].西南民族学院学报(哲学社会科学版),2001,22(6):92-95.

[3] 蔡凌.侗族聚居区的传统村落与建筑[M].北京:中国建筑工业出版社,2007:222.

[4] 蔡凌,邓毅.侗族鼓楼的结构技术类型及其地理分布格局[J].建筑科学,2009,25(4):20-25.

[5] 陈顺祥.建筑技术发展与侗族鼓楼演变[J].古建园林技术,2019(2):45-51.

[6] 陈蔚,杨林,陈鸿翔.黔东南地区传统侗族鼓楼研究[J].西部人居环境学刊,2013,28(4):49-55.

[7] 程霏,肖东.闽浙贯木拱廊桥与湘桂侗族风雨桥比较研究[J].古建园林技术,2017(2):22-27.

[8] 程艳.侗族传统建筑及其文化内涵解析——以贵州、广西为重点[D].重庆:重庆大学,2004.

[9] 崔丹丹,杨大禹.侗族与傣族干栏式民居比较分析[J].华中建筑,2010,28(5):145-147.

[10] 邓蜀阳,韩平.贵州黔东南苗族、侗族民居空间形态演化研究[J].南方建筑,2020(1):67-72.

[11] 董书音.南侗地区"带禾晾禾仓"的建造技艺及其影响因素初探[J].建筑遗产,2019(4):78-85.

[12] 高家双.侗族鼓楼建筑类型学研究[D].长沙:中南林业科技大学,2011.

[13] 高倩,赵秀琴.黔东南地区苗族、侗族民居建筑比较研究[J].贵州民族研究,2014,

35(9):52-55.
[14] 黑洁锋,石林,杨珍珍.作为侗族关键符号的风雨桥的保护与传承研究[J].怀化学院学报,2017,36(7):1-5.
[15] 胡宝华.侗族传统建筑技术文化解读[D].南宁:广西民族大学,2008.
[16] 胡碧珠,柳肃.湖南侗族鼓楼与村落形态的关系研究[J].中外建筑,2012(4):46-48.
[17] 黄才贵.日本学者对贵州侗族干栏民居的调查与研究[J].贵州民族研究,1991,12(2):23-30.
[18] 黄磊,铁洪娜.广西侗族传统建筑营建仪式及风俗研究[J].现代装饰(理论),2014(5):162.
[19] 蒋凌霞.侗族木构建筑营造技艺历史名匠传承谱系研究[J].文化学刊,2020(5):55-57.
[20] 蒋卫平.侗族风雨桥装饰艺术探析[J].贵州民族研究,2017,38(12):136-139.
[21] 蒋馨岚.侗族建筑文化遗产研究[D].武汉:华中师范大学,2009.
[22] 金珏.略论侗族民居的装饰现象[J].贵州民族研究,1992,13(3):67-72.
[23] 郎维宏.黔东南侗族鼓楼的装饰艺术[J].建筑,2007(21):73-75.
[24] 李光涵.贵州大利侗寨的"保护"——以鼓楼和风雨桥为例[J].建筑学报,2016(12):16-21.
[25] 李敏,杨祖贵.黔东南侗族民居及其传统技术研究[J].四川建筑科学研究,2007,33(6):180-182.
[26] 李明炅.广西传统木构建筑营造技艺研究——以侗族木构建筑为例[J].戏剧之家,2020(5):128.
[27] 李雪梅,肖大威,肯德拉·史密斯,等.匠杆、仪式和生命的桥:侗族风雨桥的营造及其文化内涵[J].建筑学报,2018(S1):105-108.
[28] 李哲.程阳八寨杨家匠的风雨桥营造技艺[D].深圳:深圳大学,2017.
[29] 李浈.铇与平推铇[J].文物,2001(5):70-76.
[30] 李浈.试论框锯的发明与建筑木作制材[J].自然科学史研究,2002,21(1):67-79.
[31] 李浈.官尺·营造尺·乡尺——古代营造实践中用尺制度再探[J].建筑师,2014(5):88-94.
[32] 廖明君.侗族木构建筑营造技艺[J].广西民族研究,2008(4):209-210,214.
[33] 凌恺.广西侗族风雨桥木构架建筑技术初探——以南宁相思风雨桥为例[D].南

宁:广西大学,2016.

[34] 刘昌洪.侗乡鼓楼与风雨桥[J].贵州民族研究,1985,6(4):2.

[35] 刘芳羽.肇兴侗族鼓楼的营造技艺与文化价值[D].北京:中国艺术研究院,2012.

[36] 刘洪波.侗族风雨桥建造仪式——以广西三江侗族自治县龙吉风雨桥建造为例[J].文化学刊,2016(1):174-177.

[37] 刘洪波,蒋凌霞.侗族鼓楼建造仪式——以三江县平寨新鼓楼建造为例[J].文化学刊,2015(9):61-64.

[38] 刘托.中国传统建筑营造技艺的整体保护[J].中国文物科学研究,2012(4):54-58.

[39] 刘托.中国传统木结构营造技艺[J].世界遗产,2017(1):106-110.

[40] 刘彦才.广西侗族建筑的明珠——琵团风雨桥[J].建筑学报,1984(8):62-63,51-84.

[41] 龙杰.侗族鼓楼建筑的探索与研究[D].武汉:武汉理工大学,2009.

[42] 卢现艺.图像人类学视野中的贵州侗族鼓楼[J].当代贵州,2003(8):47.

[43] 罗德启.侗寨特征及侗居空间形态影响因素[J].建筑学报,1993(4):37-44.

[44] 罗德启.贵州民居[M].北京:中国建筑工业出版社,2008.

[45] 罗冬华.广西侗族传统木结构建筑的结构设计手法探析[J].中国新技术新产品,2010(11):156.

[46] 罗姝.通道县侗族传统建筑与环境的研究[D].长沙:湖南师范大学,2009.

[47] 罗薇丽,谢劲松.广西侗族木构建筑技艺的传承研究[J].中华建设,2016(9):76-77.

[48] 骆万丽.杨似玉:侗乡"鲁班"风雨桥上写传奇[J].当代广西,2017(1):45.

[49] 马可靠.侗族风雨桥建筑艺术——以广西三江岜团桥为例[D].南宁:广西民族大学,2011.

[50] 毛琳箐,彭鹏,崔少斌.基于血缘联系的侗族楼团空间研究——肇兴鼓楼的建筑人类学考察[J].建筑与文化,2020(7):245-248.

[51] 倪琨,王红,李杰.黔东南民族建筑符镇法研究——从江侗族符镇法中的泰山石敢当[J].贵州工业大学学报(社会科学版),2006,8(4):99-101.

[52] 宁洁.浅析侗族鼓楼建筑遗产的保护与发展——以湖南省怀化市通道侗族自治县为例[J].建筑与文化,2017(9):142-143.

[53] 潘晓军.侗族鼓楼文化研究[J].广西地方志,2005(3):56-57.

[54] 阙跃平.民族学视野下的侗族风雨桥——以广西三江程阳桥为例[D].北京:中央

民族大学,2007.

[55] 石开忠.象征的源起、隐喻及其认同仪式——对侗族鼓楼的象征人类学诠释[J].思想战线,1997,23(3):64-69.

[56] 石庭章.谈侗寨鼓楼及其社会意义[J].贵州民族研究,1985,6(4):115-119.

[57] 舒禹辉.黔东南侗族鼓楼建筑的图案文化探析[J].美与时代(城市版),2018(2):18-19.

[58] 谭毅然.侗族人民的风雨桥和钟鼓楼[J].文物参考资料,1958(8):70.

[59] 唐国安.风雨桥建筑与侗族传统文化初探[J].华中建筑,1990,8(2):70-75.

[60] 田婧.非物质文化遗产中技艺的传承与保护研究——以侗族木构建筑技艺为例[J].现代装饰(理论),2016(12):286-287.

[61] 田泽森.黔东南侗族鼓楼建筑技术传承方式及其影响因素研究[D].重庆:西南大学,2014.

[62] 童亚.贵州少数民族粮仓的营造技艺研究——以荔波瑶族禾仓为例[D].贵阳:贵州师范大学,2014.

[63] 万国.侗族鼓楼的装饰及其艺术韵味探微[J].兰州教育学院学报,2013,29(3):28-29.

[64] 汪麟,石磊.三江县侗族木构建筑营造技艺的传承与创新初探[J].中外建筑,2020(1):23-25.

[65] 汪峥.侗族建筑装饰艺术研究[D].厦门:厦门大学,2018.

[66] 王成,刘涛.广西侗族木构建筑营造技艺的传承与创新研究[J].建筑与文化,2019(10):55-56.

[67] 王贵生.黔东南苗族、侗族"干栏"式民居建筑差异溯源[J].贵州民族研究,2009,29(3):78-81.

[68] 王红军,谭镭.畔水而居,向火而歌——黔东南侗族村寨与建筑[J].建筑遗产,2019(3):54-66.

[69] 韦玉姣.广西壮族、侗族传统村寨及建筑的演进研究[D].南京:东南大学,2019.

[70] 吴大军,王展光.黔东南侗族地区民族建筑套签研究[J].凯里学院学报,2017,35(6):120-124.

[71] 吴琳,唐孝祥,赵奇虹.侗族鼓楼宝顶蜂窝斗拱"斜拱相犯"关键营造技艺破译[J].建筑学报,2019(2):106-111.

[72] 吴秀吉.变异型鼓楼建筑结构及建造技艺研究[J].中国市场,2017(2):191-193.

[73] 吴正光.侗寨的鼓楼、戏楼、风雨楼[J].小城镇建设,1996(11):30-31.

[74] 向同明.侗族鼓楼营造法探析——以黎平“天府侗”为例[D].贵阳:贵州民族大学,2012.

[75] 萧默.广西三江侗族风雨桥[J].古建园林技术,1992(3):65.

[76] 辛静.谷仓形制与文化——以都柳江流域南侗村寨为例[D].上海:同济大学,2017.

[77] 熊伟,谢小英,赵冶.侗族鼓楼营建规则探考[J].古建园林技术,2011(4):11-15,81.

[78] 杨博文.基于典型特征分析的侗族传统建筑特色延续[J].中国园林,2018,34(11):102-106.

[79] 杨昌鸣.寨桩·集会所·鼓楼——侗族鼓楼发生发展过程之我见[J].贵州民族研究,1992,13(3):73-79.

[80] 杨昌鸣.侗寨建筑[M].北京:中国建筑工业出版社,2016.

[81] 杨春风.广西侗族民居建筑及色彩文化研究[J].小城镇建设,2001(11):62-65.

[82] 杨贵娇.侗族鼓楼的装饰艺术[J].居舍,2020(10):21.

[83] 杨秀朝.侗族“鼓楼”称谓考辨[J].湖北民族学院学报(哲学社会科学版),2011,29(1):75-78.

[84] 杨友妮.通道县侗族民居吊脚芦装饰构件初考[J].家具与室内装饰,2009(5):44-45.

[85] 姚俊.浅析广西三江侗族寨门的建筑形态[J].大众文艺,2013(4):48-49.

[86] 叶宝聪.黔东南从江、榕江、黎平侗寨禾仓建筑衍变研究[D].广州:华南理工大学,2018.

[87] 余凌云.湖南怀化通道县坪坦河流域侗族民居布局研究[J].山西建筑,2015,41(30):20-21.

[88] 张贵元.侗族的建筑艺术[J].贵州文史丛刊,1987(4):148-150.

[89] 张和平,罗永超,姚仁海.侗族鼓楼结构及其建造技艺研究[J].中国科技史杂志,2012,33(2):190-203.

[90] 张锦华.黔东南侗族民间鼓楼绘画元素的表现形式[J].大众文艺,2010(6):199.

[91] 张赛娟,蒋卫平.湘西侗族木构建筑营造技艺传承与创新探究[J].贵州民族研究,

2017,38(7):84-87.

[92] 张晓春,贤明.干阑建筑文化系列研究之一·侗族干阑建筑榫卯间架结构的文化功能——以广西桂北干阑建筑为个案分析[J].广西民族师范学院学报,2013,30(4):12-16.

[93] 张星照.通道坪坦河流域侗族鼓楼结构类型与营造技艺的现代延续[D].长沙:湖南大学,2018.

[94] 赵巧艳.侗族传统民居上梁仪式的田野民族志[J].广西师范大学学报(哲学社会科学版),2015,51(2):101-109.

[95] 赵巧艳.家屋营建与圣化实践——侗族传统民居建造仪式的田野表述[J].广西民族师范学院学报,2015,32(1):34-41.

[96] 赵巧艳.阈限与嵌套:侗族传统民居建造仪式的圣境叠合[J].民族艺术,2018(6):107-114.

[97] 赵晓梅.族群互动影响的侗族鼓楼建筑形式与空间表征研究[J].建筑学报,2019(S1):53-58.

[98] 赵艺,罗冬华,方艳东,等.探析广西侗族传统建筑装饰图案元素的文化内涵[J].城市住宅,2016,23(11):72-74.

[99] 周振伦.黔东南地区侗族村寨及建筑形态研究[D].成都:四川大学,2005.

后　　记

承蒙本丛书主编刘托先生的邀请，我们承担了本书的编写工作。

编写工作由杨昌鸣、陈筱、任和昕、李光涵、陈顺祥等组成筹备小组进行前期策划，并负责联系各位作者编写初稿。全书统稿工作由杨昌鸣负责完成。

本书各章节由以下人员执笔编写：

前言：杨昌鸣；

第一章：陈筱、杨昌鸣；

第二章：乔迅翔、杨昌鸣；

第三章：杨昌鸣、张旭斌、任和昕、李哲；

第四章：张旭斌、任和昕、杨昌鸣；

第五章：陈鸿翔、陈蔚；

第六章：李哲、乔迅翔；

第七章：辛静、杨昌鸣；

结语：杨昌鸣。

在本书编写过程中，承蒙罗德启、段进、柳肃、戴志坚、刘秀丹、刘妍、王树和、霍晓卫、阎照、金珏、谭丽婷以及日本学者浅川滋男先生等慷慨提供图照，感激之情，无以言表。

本书部分插图由杨博文、任仲朕、董婉如、屈静等协助绘制。

此外，本书的编写参考了大量相关文献，并引用了一些图照，限于篇幅，恕不一一列举，谨此一并致谢！